写 给 孩 子 的 中 国 古 代 科 技 简 史

生物

付雷 著

韩毅 史晓雷 主编

U0278206

中国少年儿童新闻出版总社
中国少年儿童出版社

北 京

图书在版编目（CIP）数据

生物 / 付雷著. -- 北京 : 中国少年儿童出版社,
2023.3
（写给孩子的中国古代科技简史）
ISBN 978-7-5148-7954-4

Ⅰ. ①生… Ⅱ. ①付… Ⅲ. ①生物学史－中国－古代
－青少年读物 Ⅳ. ①Q-092

中国国家版本馆CIP数据核字(2023)第043222号

SHENGWU
（写给孩子的中国古代科技简史）

出版发行：中国少年儿童新闻出版总社
中国少年儿童出版社

出 版 人：孙 柱
执行出版人：马兴民

著　　者：付 雷　　　　　　　　　封面设计：高 煜
责任编辑：张云兵　　　　　　　　　绘　　画：陈 晴
责任校对：刘 颖　　　　　　　　　责任印务：厉 静
版式设计：北京光大印艺文化发展有限公司

社　　址：北京市朝阳区建国门外大街丙 12 号　　　邮政编码：100022
编 辑 部：010-57526268　　　　　　　　　总 编 室：010-57526070
官方网址：www.ccppg.cn　　　　　　　　　发 行 部：010-57526568

印刷：三河市中晟雅豪印务有限公司

开本：720mm×1000mm　　1/16　　　　　　　印张：9.25
版次：2023 年 4 月第 1 版　　　　　　印次：2023 年 4 月河北第 1 次印刷
字数：116 千字　　　　　　　　　　　　印数：1—8000 册

ISBN 978-7-5148-7954-4　　　　　　　　　　定价：45.00 元

图书出版质量投诉电话 010-57526069，电子邮箱：cbzlts@ccppg.com.cn

主　　编　韩　毅　史晓雷

编委会委员（按姓氏音序排列）

白　欣　陈丹阳　陈桂权　陈　巍　付　雷　高　峰

韩　毅　李　亮　史晓雷　孙显斌　王洪鹏　韦中燊

前　言

　　我国历史悠久，地域辽阔，地形复杂，南北东西气候差异很大，动植物资源非常丰富。在生产生活实践过程中，我们的先民逐渐开始认识身边的动植物，积累了丰富而系统的生物学知识，我们可以称之为传统生物学。

　　我国的传统生物学具有明显的博物特色，主要表现为对动植物的形态、结构、生态、遗传变异和生活习性等方面的朴素认识，对其进行命名和分类，探寻其功用，但缺少对生命现象一般规律的探索。

　　古人对动植物的认识具有鲜明的实用特色。这些知识主要是在古人从事农业生产、药物采集、园艺等生产实践活动中形成并积累的，与传统的经学、方物志、本草学、农学有着密切的关系。在发展园林艺术、养金鱼、斗鸡、斗蟋蟀等休闲娱乐活动中，古人也积累了对一些动植物的认识。除此之外，在酿酒、制

酱、造醋等生产活动中，古人也积累了一些实用的微生物知识。

我国的不少动植物是从域外引进的，原产的动植物也经过海上或陆上丝绸之路等通道传播到其他国家和地区，在物产交流的过程中，中外生物学知识也发生了交流、融合。

由于上述特点，古人积累的生物学知识，主要分布在《毛诗草木鸟兽虫鱼疏》《尔雅注》《南州异物志》《闽中海错疏》《图经本草》《洛阳花木记》《齐民要术》等博物学、本草和农学著作中。宋代以后，与动植物相关的专门谱录越来越多，出现了《荔枝谱》《群芳谱》《朱砂鱼谱》等著作。此外，还有大量传统生物学知识散见于各种字典词典、笔记、地方志和诗词歌赋等作品之中。除了文字记载之外，我们还可以通过流传下来的书画、雕塑、陶瓷装饰图案、建筑、服饰、生活习俗等了解古人对动植物的认识。至于民间地方性知识中的生物学内容，更是不胜枚举。

　　我国传统生物学的内容非常庞杂，可资参考的文献浩如烟海。本书在撰写过程中，参考了大量文献，主要从博物学、生物技术、生物与环境等视角，介绍古人的代表性成就，希望能让读者管中窥豹。中国科学院自然科学史研究所罗桂环研究员审读了书稿并提出了宝贵的意见建议，在此谨致由衷的谢忱！

目 录

第二篇　博物篇·动物

第三篇　生物技术篇

第四篇　生物与环境篇

附　录

第一篇

博物篇 · 植物

除了五谷杂粮这些植物，古代文人雅士多有喜欢养花种草的，而中药材中更包含大量植物，并形成了体系相对完备的本草学。古人是怎么认识这些植物的，如何给它们命名并分门别类？"五谷"的说法竟有好几种？"岁寒三友"指的是什么植物？那些被写进诗词歌赋中的植物又被赋予了什么意义？本篇向您讲述的是古人与植物的有趣故事。

1. 中国古代的植物分类

在古代劳动人民与自然界的接触过程中，特别是在农业生产和医药事业中，积累了丰富的植物学知识。然而，地球上植物的种类实在太多了，大约有50万种以上，在这种情况下，要把数目如此繁多，形态又千差万别的植物辨别清楚，分门别类就显得非常有必要了。在长期的生产、生活实践过程中，我们的先人创造了具有本土特色的、多样化的植物分类体系，彰显了伟大的智慧。

人类认识和利用植物的历史十分久远。在没有文字以前，植物的辨识与分类靠的是口口相传，文字发明之后，这些就被文字记载下来。中国早期的文献已经体现了植物分类的思想。在甲骨文中，一些文字使用了相同的偏旁或部首，如黍、稻都从禾，说明当时的人们已经认识到这些植物属于同一类。通过《诗经》等早期文献，我们可以知道古人已经认识了数量可观的植物，且对其进行了命名，其中出现了乔木、灌木的名词，说明当时有比较粗略的植物分类。成书于汉代的文献，则比较系统地展现了古人的植物分类思想。《神农本草经》收录了365种药物，其中大部分是植物性药物，按照功能和毒性大小分为上、中、下三品，这种分类方法是从药物功能的角度出发创立的，显得比较粗糙。我国最早的词典《尔雅》成书于战国到西汉之间，其中包括与植物相关的"释草""释木"两篇。也就是说《尔雅》将植物分为草、木两大类，且草本植物大多为"草字头"，木本植物大多为"木字旁"。《尔雅》中对于再细一层的植物分类并没有系统展开，不过也提到"小枝上缭为乔，无枝为檄，木族生为灌"，也就是把木本植物分为乔

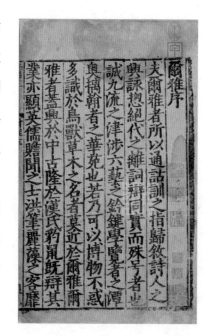

◎《尔雅》

木、檄木（棕榈科植物）、灌木三类，而且还把比较相近的植物排列在一起。比如同属菊科的蘩（fán）、蒿、蔚等，体现出比较朴素的分类思想。东汉文字学家许慎的《说文解字》是我国东汉时期刊出的世界上第一部字典，按照汉字部首排列，将同类植物尽量排列在了一起。如"艸"（草）部下面收录的大部分是草字头的植物或植物体的某一部分，也包括某一类植物，比如关于"菜"，给出的解释是"艸之可食者"，也就是能吃的草都可以叫作菜，"木"部、"禾"部、"竹"部等也是类似的。

南北朝时期医药学家陶弘景的《本草经集注》将植物分为草、木、果菜、米食、有名未用五类，每一类又分为上、中、下三品，将植物的形态、用途和药性进行了结合，在《神农本草经》的功能分类基础上做了发展。唐代以后，本草著作大量增加，如唐代《新修本草》、宋代《证类本草》等，对于药草的分类基本上沿用了陶弘景的方法。此外，在动植物志和谱录中也体现了一定的植物分类思想。比如宋代郑樵的《昆虫

草木略》是一部动植物专志，其中将植物分为草、蔬、稻粱、木和果5类；陈景沂的《全芳备祖》将植物分为花、果、卉、草、木、农桑、蔬、药8部。

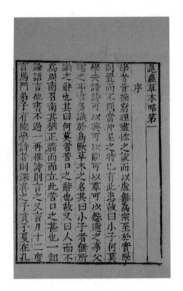

◎《昆虫草木略》

明代的本草著作对植物的分类更加系统，特别是李时珍的《本草纲目》更是提出了一套完整的"析族区类，振纲分目，物以类从，目随纲举"分类体系。李时珍首先把植物分为草、谷、菜、果、木5部，在前人的分类法基础上，把草部又分为山草、芳草、隰（xí）草、毒草、蔓草、水草、石草、苔（相当于真菌、苔藓和蕨类）、杂草9类，木部分为香木、乔木、灌木、寓木（寄生植物）、苞木（竹类）、杂木6类，建立了部、类、种三级分类体系。从中可以看出李时珍同时考虑了植物的形态、习性、用途、生态和内含物等要素，体现出明显的实用特点。明代植物谱录提出的植物分类体系与本草著作稍有不同。

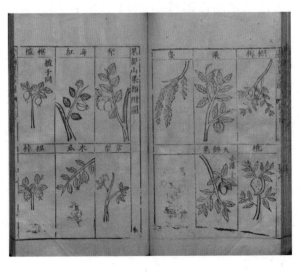

◎《本草纲目》

比如王象晋的《群芳谱》在《全芳备祖》的分类法上做了一些扩展，将植物分为谷、蔬、果、木、花、卉、茶、竹、桑、麻、棉、葛、药等类，其中的"卉"指的是草。

◎《群芳谱》

清代博物学家吴其濬的《植物名实图考》描绘了1700余种植物，除了形态、习性、药性等信息外，该著作最重要的成果是提供了准确的植物插图，可以实现"按图索骥"。吴其濬将植物分为谷、蔬、山草、隰草、石草、水草、蔓草、芳草、毒草、群芳、果、木12类，可以看出其分类思想受到了李时珍的影响。

总的来看，古代对于植物的分类，主要有如下几个分类标准或体系：一是功能，如药物的性能和功效，分为上、中、下三品，或芳草、毒草等；二是在人类生活中的用途，分为谷、蔬、果、药等，其实仍然是广义的功能；三是植物的形态，如乔木、檄木、灌木；四是植物的生态，如山草、隰草、水草、石草等。可以看出，这些分类体系是从不同的标准出发的，既有单纯从植物的自然属性划分的，也有从植物与人类关系的角度划分的，而且在植物类或本草著作中往往会混用，这样的结果就是没有形成一个标准下的完整分类体系。

由于缺乏统一、规范的分类体系，在实践中难免会产生同物异名或同名异物的现象，给生产实践带来一定困扰。特别是在中药体系中，药草的命名可能根据其功效、产地、形态、颜色、药用部位、生态等各种因素，而各朝代、各地方、各医家在遇到同一种植物时，可能会采取不同的命名策略，加上交流的不畅通，导致分类体系混乱，稍有不慎就可能张冠李戴。比如李时珍就曾经举例子："通草即今所谓木通也。"据统计，《植物名实图考》中大约有 97 种同名异物的植物，如书中提到的两种药用植物金钱豹，其中一种是爵床科红花山牵牛，另一种则是桔梗科大花金钱豹。

受学术发展的局限，中国古代几千年没有建立起统一的生物分类体系，直到西方近代分类体系传入中国才开始建立科学的植物分类学。

2. 古代"五谷"之中无苞谷
——哪些作物是境外传入的?

在人类诞生之初,原始人靠采集植物和渔猎动物为生。在与动植物打交道的过程中,人类需要趋利避害,分辨哪些动植物能吃、好吃,哪些不能吃、不好吃,并把实践中产生的认识和经验,用口口相传的方式告诉下一代,传承下来。随着人类对动植物的认识加深,为了获得稳定的食物来源,解除饥饿的威胁,人类开始有意识地栽培选育那些能够给人们提供衣食之源的植物,畜养家禽家畜,原始的农业随之产生了。在众多植物中,能够结出籽实,供人类果腹的粮食有多种,为了区分它们,人们给它们分别起了名字。

《论语》中有一句话,叫作"四体不勤,五谷不分",用来形容儒生脱离劳动实践。这里的"五谷"泛指各种农作物。不过,"五谷"的说法流传甚广,比如"五谷丰登""五谷杂粮"等,说明至少有5种代表性农作物是可以称为"五谷"的,那么是哪5种呢?

据《孟子》中记载,五谷指稻、黍、稷、麦、菽。

稻又称"稌",起源于中国,是从野生稻驯化而来,发源于长江中下游地区,如今是中国最重要的粮食作物。大约在新石器时期,中国的先民就开始栽培水稻了。《诗经》中有"滮池北流,浸彼稻田""八月剥枣,十月获稻"的诗句,说明在当时水稻已经是非常常见的农作物了。

黍也称糜子,是一种黄米,比小米的颗粒要大一些,《礼记》中有"黍醴清糟"的语句,意思是黄米可以用来酿酒。根据甲骨文的记载,商代时期曾有"登黍"的典礼活动。《诗经》中有"硕鼠硕鼠,无食我黍"等诗句，也说明当时黍是重要的粮食作物。黍应该是一种比较贵重的粮食，王祯《农书》中说"凡祭祀以黍为上盛"，而且古代还存在贵黍贱稷的现象，认为黍的地位比稷要高。

《尔雅》中说稷和粟是同一种作物，亦即稷就是粟，也就是后世的小米。《说文解字》说稷是"五谷之长"。粟又叫粢（zī）、谷子、小米，是从野生的狗尾草驯化而来，在我国北方占据着粮食的重要地位。传说周文王的先祖后稷是尧帝时的农师，后来被奉为"五谷神"或农神。古代有"社稷"的说法，这两个字分别指的是土地神和谷神，后来成为国家的代称。

◎ 黍

◎ 谷子

五谷中的"麦"是小麦。《礼记·月令》中有孟夏之月，"农乃登麦，天子乃以彘（zhì，猪）尝麦，先荐寝庙"的描述，意思是夏天麦成熟后，农民向天子进献，天子要在宗庙举行尝麦的仪式，就着猪肉尝新麦。小麦起源于西亚，大约4000年前传到中国。因小麦是外来的，所以最初被称为"来"，后来与大麦进行了区分，如《广雅》的解释："大麦，

◎ 麦田

◎ 稻田

麰（móu）也；小麦，秳（lái）也。"小麦传入后，很快得到重视。周朝时祭祀后稷的颂歌中就有："具有文德的后稷……给我们小麦和大麦，上天叫把众生养活。"进入汉代以后，小麦很快成为主粮，现在是中国重要性仅次于水稻的粮食作物。

菽指的是豆类，本来写作"尗"，字中的横表示地面，上半部分表示豆茎豆荚，下半部分表示根部。《战国策》中有"民之所食，大抵豆饭藿羹"的说法，说明豆类是当时的主要食材之一。《诗经》中有多处提到菽，如"蓺之荏菽，荏菽旆旆""七月亨葵及菽"等。豆类除了煮食，汉代以后还衍生出了豆腐及相关制品，其加工技术充分彰显了古人的智慧。

也有把"麻"列入五谷的。麻在新石器时期就开始栽种了，主要是用作衣服的原料，麻的种子可以食用。据考证，中国早期的麻主要是大麻，像芝麻则是汉代以后才传入中国的。《诗经》中有"禾麻菽麦"的说法，将麻与豆、麦并称，

◎ 清道光年间五谷丰登碗

说明麻是比较重要的作物。《礼记》中有"孟秋之月，食麻与犬""仲秋之月，以犬尝麻，先荐寝庙""春食麦与羊，夏食菽与鸡，秋食麻与犬，冬食黍与彘者，以四时之食各有所宜也"等说法，说明在当时食麻是比较常见的。

历数"五谷"之后，我们可以看到，中国早期的主要农作物与今天有较大的差异，谷子（小米）已经由粮食生产中的主粮退居于"杂粮"地位，我们现在广泛用作粮食和饲料的苞谷——玉米，却因还没传入而没有列入其中，而像红薯、马铃薯、大蒜、棉花、葡萄、石榴等农作物都是由其他国家传入中国的，其中有些种类传入的时间还比较晚，要到明清时期了。宋代以前，外来农作物主要是通过陆上丝绸之路，从西亚、印度等地方传入的；宋代以后，经济重心转移到南方，而海上丝绸之路发展迅速，外来农作物主要是从东南亚和美洲传来的。

先来说说玉米。玉米是禾本科的植物，原产美洲的墨西哥、秘鲁，大约在明代传入中国，曾被称为番麦、玉麦、苞米、珍珠米、棒子等，李时珍在《本草纲目》中将其称为"玉蜀黍"，说玉米"种出西土，种者亦罕"。明嘉靖三十九年（1560年）的《平凉府志》记载："番麦，一曰西天麦，苗叶如蜀秫而肥短，末有穗如稻而非实。实如塔，如桐子大，生节间，花炊红绒在塔末，长五六寸，

◎ 玉米

三月种，八月收。"这是最早对玉米做出详细描述的古文献。后来玉米在中国得到大面积推广，在南北方都有种植。

番薯，又称红薯、地瓜、甘薯等，属于旋花科甘薯属，原产中、南美洲，明代万历年间传入中国，既可以作为粮食，也可以作为蔬菜，因

其适应性很强，在贫瘠的山地也能丰收，徐光启的《农政全书》甚至将其作为救荒作物。其实在此之前，中国古文献中也有"甘薯"的记载，但所指为薯蓣科植物的一种，番薯传入中国后，甘薯就被转而指称番薯了。

◎ 红薯

马铃薯，又称洋芋、阳芋、土豆、山药蛋、荷兰薯等，属于茄科茄属，原产南美洲秘鲁和玻利维亚，为印第安人所培植驯化，约在清代前期传入中国。《植物名实图考》认为马铃薯可以作为救荒植物。马铃薯在中国食用范围很广，加工方式多样，目前已经成为中国继水稻、小麦、玉米后的第四大主粮。

◎ 土豆

辣椒，又被称为番椒、海椒等，属于茄科辣椒属，原产南美洲，15世纪传入欧洲，不久后通过两条路线传入中国，一条路线是经由陆上丝绸之

◎ 辣椒

路从甘肃、陕西传入内地，还有一条是经由海上丝绸之路传入两广、云南等地，最早的记载出现在明朝。辣椒传入中国后先被当作观赏植物，后来既被作为蔬菜，也被作为调味品。

番茄，又称番柿、西红柿、洋柿子等，现代植物分类属于茄科茄属植物，原产南美洲，明代万历年间传入中国。据清代《广群芳谱》记载："番柿，一名六月柿，茎如蒿，高四五尺，叶如艾，花如榴，一枝结

◎ 番茄

五实或三四实……"起初作为观赏植物栽培，在中国作为蔬菜栽培可能始于19世纪末。

烟草，又被称为相思草、金丝烟、芬草、返魂烟，属于茄科烟草属，原产中南美洲，经西班牙人和葡萄牙人传遍世界，大约在明代传入中国，起初被称为"淡巴菰"，是烟草印第安语的音译名。明代《景岳全书》记载："此物自古未闻，近自我明万历时始出闽、广之间。"烟草传入中国最初是药用的，用于治疗头痛、牙痛、烧伤、皮肤溃烂等疾病，但后来因为吸食烟草会成瘾，成为一些人的嗜好品。

水果之中的不少品种来自陆上丝绸之路，且传入较早。如葡萄，也曾被写作蒲桃、蒲陶、葡桃等，属于葡萄科，原产于黑海和地中海沿岸，西汉通西域时传入中国。石榴，又名安石榴，属于石榴科，东汉时通过丝绸之路传入中国，很快受到人们的欢迎，在中国传统文化中寓意多子多福。西瓜，属于葫芦科，原产非洲，一般认为是五代时期由契丹人从回纥人那里传入中原。

除了以上介绍的，像蔬菜中的黄瓜、大蒜、芫荽、豌豆、菜豆、菠菜、胡萝卜、西葫芦、佛手瓜；经济作物中的棉花、苜蓿、芝麻、花生、向日葵；水果和干果中的波罗蜜、无花果、开心果、番石榴等，都是在汉以后从域外传入中国的。如果你看到某些农作物的名字里有"番""胡""洋"等相关字眼，很大可能这种农作物是外来的。很多传入的农作物很快就适应了中国的土壤和中国人的胃口，甚至遍及大江南北，成为中国人日常餐桌上不可或缺的美食。

3. 一骑红尘妃子笑——荔枝栽培史话

中国幅员辽阔，各地气候不同，物产差异巨大。就拿水果来说，北方栽培的种类，在南方却不一定能生长茂盛；在南方常见的水果，在北方却未必能结果。譬如荔枝，就是一种原产于中国，只适合在亚热带和热带地区栽培的水果。

我们先来说说荔枝是一种什么样的水果。按照现代植物学的分类，荔枝属于双子叶植物中的无患子科荔枝属。荔枝树是一种高大的乔木，能够长到10多米，有三四层楼那么高。荔枝的果实像李子那么大，先是青绿色的，成熟以后变成红色。荔枝果皮的表面有鳞片一样的凸起，很粗糙。这果皮其实很容易剥开，如果你仔细观察，可以发现果皮上有一条细线，顺着这条线轻轻一抠，就可以轻松打开了。荔枝的果肉晶莹肥厚，就像白色的果冻，吃起来很甜，非常可口。唐代大诗人白居易对荔枝果实的描写就非常到位："壳如红缯，膜如紫绡，瓤肉莹白如冰雪，浆液甘酸如醴酪。"大部分品种的荔枝果肉里面是有果核的，只不过果核大小不一。经过人工培育，有些地方也出产无核荔枝。荔枝的繁殖主要是靠嫁接和压条，这种果木繁育技术是古代劳动人民在农业生产过程中总结出来的，后来的很多新品种也是靠这些技术培育出来的。

荔枝生长对水热条件的要求比较高，在中国现在只是分布在北纬28°以南的华南地区，主产区是广东、广西和福建，海南和台湾也有不少栽种，云南和四川就只有少量分布了。再往北，即便有荔枝树，也是无法结果的。从历史上看，以前在四川多地有荔枝种植并结果的，后来由于气候变化、战争等原因，荔枝的种植区域南移了。

◎ 荔枝

　　荔枝是原产于中国的热带水果，是中国奉献给世界的珍贵礼物。虽然我们不知道中国古代最早是从什么时候栽培荔枝的，但早在 2000 多年前的汉朝，已经有关于荔枝的明确记载了。汉武帝时期，在长安附近有一个规模宏大的皇家园林，叫作上林苑，这里不仅饲养了各种动物，还引种了西域和南方的奇花异木，并专门在其中建了一座"扶荔宫"，其中就植有荔枝树。当时著名的辞赋大家司马相如曾经为武帝作了一篇气势恢宏的《上林赋》，其中"苔遝（dá tà）离支"一句中的"离支"指的就是荔枝。有人考证说，"荔"字下面应该是三个"刀"字，而不是三个"力"，这个字可以写作"茘"，因为当荔枝成熟的时候，需要用刀将果实连枝一起砍下来，而且带枝的荔枝更容易保鲜，倘若去掉枝条，反而容易腐败。白居易在《荔枝图序》中就曾指出："若离本枝，一日而色变，二日而香变，三日而味变，四五日外，色香味尽去矣。"

　　东汉文学家王逸说荔枝"卓绝类而无俦，超众果而独贵"。由此可以让我们了解到当时的达官贵人对荔枝的赞美和喜爱。然而，荔枝毕竟是热带水果，栽种在北方苑囿里的荔枝树终究是结不了果的，即便是皇帝也只能吃从南方送到京城的荔枝。《后汉书》记载："旧南海献龙眼、荔支（枝），十里一置，五里一候，奔腾险阻，死者继路。"可以想见，从岭南运送荔枝到陕西的长安，该是多么艰辛了。汉和帝了解到这一情况后，就命臣下不要再进贡荔枝了，这才略微减轻了岭南人民的负担。

可是总有人不顾及人民的辛苦，非要千里飞骑，品尝新鲜的荔枝。这其中最有名的恐怕就是唐玄宗的贵妃杨玉环了。当时的大诗人杜牧曾作《过华清宫绝句》，其中一首言道："长安回望绣成堆，山顶千门次第开。一骑红尘妃子笑，无人知是荔枝来。"把统治者荒淫无道的生活揭露得淋漓尽致。这也从一个侧面反映出时人对荔枝的喜爱。当时曾做过宰相的张九龄还留下了一篇《荔枝赋》，赞美荔枝"百果之中，无一可比"。

◎《离支（荔枝）伯赵（伯劳）图》

中国古代有大量的地方志，记载一地的风土人情；又有各种谱录，专门记载一种或几种动植物。像荔枝这种南方特产，自然少不了会出现在岭南各地的地方志和植物谱录中。而那些有幸品尝到荔枝美味的文人墨客，也会不惜笔墨，对荔枝大加赞美。

唐代任广州司马的刘恂在《岭表录异》中记载了当时岭南地区的风物，其中就点出了岭南的多个荔枝品种，包括有一种生长在一个叫作火山的地方的，这种荔枝后来被叫作"火山"荔枝。北宋文学家苏轼被贬官到广东惠州任职时，品尝到了当地的荔枝，遂赞不绝口，还赋诗一首："罗浮山下四时春，卢橘杨梅次第新。日啖荔枝三百颗，不辞长作岭南人。"宋代著名书法家、福建仙游人蔡襄写了第一本荔枝专著——《荔枝谱》，主要记载了福建所产30多个品种的荔枝。蔡襄还注意到了荔枝分布的地理界限，说北至水口（现在的福建南平附近）就因为气候稍冷而不能栽培荔枝了。

到了明清时期，荔枝的栽培更加兴盛，相关的记载也就更多了。明代的《广东通志》和清代的《广东新语》对产于广东的荔枝多有记载，提到的荔枝品种有状元红、尚书怀等。《广东新语》还提到，人们在栽培荔枝的过程中，逐渐培育出适合栽培在水边的"水枝"和在山里种植的"山枝"，两类荔枝又各有许多品种。明代福建长乐的博物学家谢肇淛在《五杂俎》中将荔枝与其他水果做了对比，说"苹婆如佳妇，蒲萄（葡萄）如美女，荔枝则广寒中仙子"。在他看来，荔枝与苹果、葡萄这些水果相比，简直就是天壤之别。明代学者也编写了不少荔枝谱录，比如曹蕃、宋珏、邓道协、吴载鳌等，这几本谱录记载的都是福建的荔枝。其中宋珏自号"荔枝仙"，可以想见他对荔枝的喜爱了。邓道协则在书中指出，荔枝的栽培方法是高压枝，而不是把荔枝的核儿种在土里繁殖。清代陈定国的《荔谱》和吴应逵的《岭南荔枝谱》分别重点介绍了福建和广东出产的荔枝品种。

荔枝是中国的特产，但很早就远销他国。宋代蔡襄的《荔枝谱》中就曾提到商人已经把荔枝卖到了北戎（生活在燕山附近的北方少数民

◎《五杂俎》

族）、西夏（位于我国西北地区的少数民族政权）、新罗（朝鲜半岛上的政权）、日本、琉球（位于琉球群岛的政权）、大食（阿拉伯帝国）等地。不过，荔枝被引种到其他国家，如印度、泰国等地，则是较晚的事情。英语当中的荔枝译作"litchi"，就是根据中国人对荔枝的称呼音译而成的。

在交通并不发达的古代，如果不是在产区，想要吃到新鲜的荔枝并非易事，即便是一些达官贵人或外国食客，很多时候也只能吃到荔枝制成的果脯。今天，交通便捷，荔枝的种植地也扩展到了海外许多国家和地区，无论是国人还是外国友人，品尝荔枝已经不再是难事了。

4.中国古代的名花

北宋周敦颐的《爱莲说》对很多人来说可谓耳熟能详，作者表达了对莲花高贵品格的赞美。文章提到："水陆草木之花，可爱者甚蕃。晋陶渊明独爱菊。自李唐来，世人甚爱牡丹。"从这句话我们可以知道，自古以来，文人墨客都喜欢各种花卉，且不同的人有不同的喜好，由此形成了中国古代悠久的花卉文化。

中国民间常有"十大传统名花"之类的说法，但对于到底是哪10种花，不同年代、不同地区、不同的人可能给出的答案都是不一样的。通过梳理各种典籍，我们可以了解到，常被提到的传统名花主要有牡丹、梅花、海棠、山茶、杜鹃、芍药、兰花、荷花、菊花、月季、水仙、紫薇、百合、桂花、玉簪、蜡梅等。

牡丹花可谓国色天香，原产中国西部秦岭和大巴山一带山区，最初被称为"木芍药"。东汉《神农本草经》将它作为药物收录。北宋欧阳修在《洛阳牡丹记》中说"牡丹西出丹州、延州，东出青州，南亦出越州，而出洛阳者，今为天下第一"。牡丹作为栽培花卉大约始于南北朝时期，唐代举国热爱牡丹，白居易曾作长诗《牡丹芳》，提到当时"花开花落二十日，一城之人皆若狂"。到了宋代，牡丹的栽培技术更加成熟，发展了嫁接技术，人工繁育了更多品种。后人留下了大量牡丹谱录，著名的包括北宋时期欧阳修的《洛阳牡丹记》，周师厚《洛阳牡丹记》，南宋时期陆游的《天彭牡丹谱》，明代薛凤翔的《亳州牡丹史》，清代余鹏年的《曹州牡丹谱》等。时至今日，河南洛阳和山东菏泽是牡丹的两大中心产地。

◎ 牡丹

　　说到菊花，很多人都会想到屈原《九歌》中的春兰秋菊，更不会忘记陶渊明的诗句："采菊东篱下，悠然见南山。"陶渊明不止在一首诗中提到菊花，以至于宋代辛弃疾说"自有渊明始有菊"。菊花原产中国，与梅、兰、竹并称花中四君子，因此颇得文人喜爱，与菊花有关的诗词、绘画蔚为大观。东晋卢谌在《菊花赋》中用"何斯草之特伟，涉节变而不伤，超松柏之寒茂，越芝英之众芳"来赞美菊花。唐代就已经有了文人集体赏菊的活动。到了宋代，菊花栽培技术获得进一步发展，包括扦插、嫁接等技术已经成熟，菊花的品种更加丰富，赏菊活动也变得非常普遍，当时在花市上还出现了菊花展。明清时期，艺菊成风，且规模较大，文人之间常常以菊花结社活动。明代诗人陈鸿有诗云："几处菊花残，西园余数亩。买来竹窗下，折简会宾友。把酒坐花旁，

◎ 菊花

一齐衫袖香。春天百卉媚，不及此幽芳。"菊花谱录是古代观赏植物谱录中数量最多的，主要集中在宋代和明清时期，比较著名的有北宋时期出现的第一部菊花专谱《刘蒙菊谱》、宋代史铸的《百集菊谱》、明代周履靖的《菊谱》、卢璧的《东篱品汇录》、清代陆廷灿的《艺菊志》等。

◎ 荷花

荷花在中国有着悠久的栽培历史。古代对于荷花的称谓较多，比如屈原在《离骚》中有"制芰荷以为衣兮，集芙蓉以为裳"的句子，其中的芙蓉指的就是荷花；词典《尔雅》给出的解释是"荷，芙蕖，别名芙蓉，亦作夫容"。李白有诗云："清水出芙蓉，天然去雕饰。"关于荷花，还有菡萏（hàn dàn）、莲花等不同称谓。荷花早先主要栽培在南方地区，汉乐府中有《江南可采莲》的小赋："江南可采莲，莲叶何田田，鱼戏莲叶间。"宋代文学家杨万里描写杭州附近净慈寺的荷花胜景"接天莲叶无穷碧，映日荷花别样红"。北宋文学家周敦颐的《爱莲说》则突出了荷花的高贵品格，"出淤泥而不染"成为对纯洁品质的代称。古代绘画中也保留了大量与荷花相关的作品，比如明代徐渭的《荷蟹图》、清代唐于光的《红莲图轴》等。荷花相关的纹饰也经常出现在建筑、青铜器、陶瓷之上。在佛教当中，莲花也经常以宝座等意象出现。

与其他一年只开一季的花卉不同，月季一年能开多次，又被称为"月月红"，因此颇受文人喜爱。苏东坡曾有诗云"惟有此花开不厌，一年常占四时春"，就是赞美月季的。宋祁的《益部方物略记》说得更直白："花亘四时，月一披秀，寒暑不改，似固常守。"月季原产中国，很早就被作为栽培观赏的植物了，在《群芳谱》和《花镜》等植物谱录中都有记载。由于月季是蔷薇科植物，与蔷薇、玫瑰等非常相似，因此古人有时会笼统介绍蔷薇类植物的栽培技术。《花镜》中说月季"与蔷薇相类，而香尤过之"。关于其栽培技术，《花镜》认为"分栽、扦插俱可"。据说早在唐宋时期，月季就已经传入日本；到了18世纪，大量中国月季品种传入欧洲，欧洲人又用杂交技术培育出了月季的新品种，国际上将此后培育的月季称为现代月季，相应的此前的月季被称为古老月季。

◎ 月季　　　　　　　　　　　　　　　　　　　◎ 芍药

芍药原产中国，据考证有数千年栽培历史，且如其名是一种传统中草药。芍药盛开于暮春时节，因此唐宋时期诗人将其称为"婪尾春"或"殿春"。《诗经》中有"维士与女，伊其相谑，赠之以勺药"的诗句，说明芍药很早就成为人们喜爱的花卉。唐代诗人韩愈曾作《芍药》诗："浩态狂香昔未逢，红灯烁烁绿盘龙。觉来独对情惊恐，身在仙宫第几重。"表达了对芍药的赞叹之情。《本草纲目》指出："芍药，犹绰约也。绰约，美好貌。此草花容绰约，故以为名。"点出了芍药风姿绰约的特点。芍药在传统花卉中地位较高，仅次于"花王"牡丹被称为"花相"，常被作为爱情之花。芍药具有食用和药用价值，在《神农本草经》中就有记载。东汉医学家张仲景在《伤寒论》中数十次使用芍药作为药剂。南北朝时期陶弘景将芍药分为赤芍和白芍，但在明代以前的医药典籍中，基本没有将二者进行区分。

如上所述，古人曾留下不少谱录记载各种植物的形态、习性或者画法等，特别是宋代出现了大量谱录。这些谱录有的是对某一种植物的专门记录，如《洛阳牡丹记》《百集菊谱》《竹谱》《橘录》等，有的则是综合性的，其中涉及多种植物。南宋陈景沂的《全芳备祖》是我国最早的植物类书，正文包括前集花部 27 卷，著录植物 110 余种，后集 31 卷，包括果、卉、草、木、农桑、蔬、药 7 部，著录植物 170 余种，每种植物又分为事实祖、赋咏祖、乐府祖三纲，对于植物的形态、诗词等资料进行了详细收录，并加上了自己的创见。明代王象晋的《群芳谱》以《全芳备祖》为蓝本，分为天谱、岁谱、谷谱、蔬谱、花谱、卉谱等 12 谱，他还对多种观赏植物做了实验记录。清康熙皇帝命人根据《群芳谱》扩充材料，编写出版了《广群芳谱》，共记载植物 1557 种，其中包括花谱中的观赏植物花 234 种，卉谱中的草本植物 191 种。清代陈淏子的《花镜》记载的都是观赏植物，全书分为 6 卷，对于植物的形态和栽培技术都有详细记录。

◎《全芳备祖》

5. "岁寒三友"都有谁

在中国淮河以北的大片区域，一到严寒的冬天，万木萧条，给人的印象除了土黄就是雪白，天地之间单调莫名。然而，总有极少数的植物能够不畏严寒，保持本色，由此成为文人墨客的精神寄托，其中的"岁寒三友"就是代表。

"岁寒三友"指的是松、竹、梅三种植物，这句成语出自宋代文学家林景熙的《王云梅舍记》："即其居累土为山，种梅百本，与乔松修篁为岁寒友。"文中的"乔松"指的是高大的松树，而"修篁"则是指修长的竹子。松树的叶子成针形，可以有效减少水分蒸发，冬天不会大面积落叶，到第二年春天长出新枝时，旧叶子才变黄脱落；竹子地下根系发达，叶子较小，耐寒也耐旱；梅花虽然种类较多，但一般都要经过一个冬季低温时期才会开花，且大部分是在由冬到春这段时间开花，在群芳之中显得卓尔不群。这三种植物都有耐寒的特性，因此才被合称为"岁寒三友"。

松树属于裸子植物中的松科松属，具体到种则有很多。中国古代典籍对于松树的记载还是很多的，涉及松树的形态结构、生活习性、生态、地理分布等。比如《山海经》中说华山"其上多松"，《礼记》中提到不同等级的人死后使用的棺椁材质不同，"君松椁，大夫柏椁，士杂木椁"。《左传》提到"松柏之下，其草不殖"，说明古人已认识到松柏等高大树木与其他植物之间的生态关系。东晋时期的葛洪在《抱朴子》中记载了"千年松脂化为琥珀"，这是对松脂和琥珀的较早记录。李时珍的《本草纲目》引用王安石的说法，说"松柏为百木之长，松犹公也，柏犹伯也"。关于松树的形态，李时珍的描述比较详细："修耸多节，其皮粗浓有鳞形，

◎ 松树

其叶后凋。二三月抽蕤（ruí）生花，长四五寸，采其花蕊为松黄。结实状如猪心，叠成鳞砌，秋老则子长鳞裂。然叶有二针、三针、五针之别。"《本草纲目》对于松脂（别名松膏、松肪、松胶、松香）、松节、松叶（别名松毛）、松花（别名松黄）、木皮、松实等部分的形态及其药用价值都有详细论述。清代吴其濬的《植物名实图考》说北方的松树"多节质坚，材任栋梁，通呼油松，盛夏节间汁即溢出"，而南方的松树"仅供樵薪，易生白蚁"。该书还提到了灰松和黄松的差异，松与杉的不同，并列举了作为盆景的尘尾松、栝子松、金钱松、鹅毛松，还有落叶松和白松等。松树抗寒的品格在古代得到了赞美。《论语·子罕》中说"岁寒，然后知松柏之后凋也"。《荀子》中也有"岁不寒无以知松柏，事不难无以知君子"的语句。

竹子属于禾本科竹属，大多数为木本植物。竹子的茎有节，地下茎又叫竹鞭，横着生长，造就成片生长的态势，秋冬时节或春天长出的芽叫作竹笋。竹子一生开花结果一次，开花后就会成片死亡。在中国古代典籍中，对于竹子的记载非常丰富，既包括竹子的形态特征和习性，也包括对各地不同种类竹子的介绍。《山海经》中曾提到"竹生花，其年便枯"，这是对竹子开花死亡的较早记载。《晋书》当中还记载了一次竹子开花的事件："玄康二年，巴西界竹花紫色，结实如麦。"古代有数十部竹子的专门谱录流传于世，有的是关于竹子特征介绍的，有的是关于竹子绘画的。南朝刘宋时期戴凯之的《竹谱》可能是关于竹子的最早的专谱，记载了几十种竹子，对于竹子的品类、特征、产地、用途等有详细的描述，他认为竹子是一种特殊的植物，"不刚不柔，非草非木"。唐宋时期的竹谱保存下来的不多，北宋僧人赞宁的《笋谱》不但介绍了各种竹笋，还比较详细地描述了栽培竹笋的技术、食用和保存方法等。元代画家李衎（kàn）将竹子视为"全德君子"，其画竹经验总结为《竹

◎ 竹子

谱详录》一书。在中国刻书业，明代有一位书画篆刻家、出版家胡正言创办了"十竹斋"，采用饾版、拱花等多色套印技术进行图书出版，著名的《十竹斋书画谱》其中就包括竹谱。古人对于竹子有节的特征多有记载，这一特点被文人演绎为人格的化身。苏轼直言："可使食无肉，不可居无竹。"清代画家郑板桥在他的《竹石图》中题诗，表达了对竹子品格的赞美："咬定青山不放松，立根原在破岩中。千磨万击还坚劲，任尔东西南北风。"

梅属于双子叶植物中的蔷薇科，小乔木或灌木，树干比较光滑。先花后叶，花是碟形的，有的单瓣，有的重瓣，颜色则从白色到粉红色，冬春季开花，五六月结果，可以分为花梅和果梅。人们繁育出多种花梅，只待冬春季节赏玩。古人对梅的记载有的时候指的是梅的植株，有的时候则是指梅的果实或果实的加工品。《尔雅》中即有对梅的描述，说梅"似

杏，实酢"。《毛诗草木鸟兽虫鱼疏》说"梅树皮叶似豫章，叶大如牛耳"，意思是梅树叶子较大，像樟树的叶子。相比于花梅，果梅的种类并不算多，像白梅、青梅都是果梅。青梅成熟时，由绿变黄，但酸味犹存，那段时间江南多雨，被称为"梅雨"。果梅的果实可以作为果脯食用。《三国演义》中曹操与刘备青梅煮酒论英雄的故事可谓脍炙人口。《植物名实图考》区分了乌梅和白梅的加工技术，"乌梅以突烟薰造，白梅以盐汁渍晒"。由于梅花在冬春时节开放，因此多被文人吟咏歌颂。宋代诗人卢梅坡有诗云："梅须逊雪三分白，雪却输梅一段香。"王安石的诗作"墙角数枝梅，凌寒独自开。遥知不是雪，为有暗香来。"恰是对梅花品格的赞美。沈括在《梦溪笔谈》中描写一位名叫林逋的处士，隐居杭州，植梅养鹤，世称"梅妻鹤子"，林逋本人也留下了《山园小梅》的佳作。顺便提一下，梅与蜡梅是不同的植物。蜡梅属于双子叶植物中的蜡梅科，树干不如梅的树干光滑，一般也不如梅的树干高，也是先花后叶，花是圆形或卵圆形的，花黄似蜡，故得名蜡梅，又被叫作黄梅花。

◎ 梅花

元代文学家、杂剧家白朴在《朝中措》中对松、竹、梅三者进行了集中描绘："苍松隐映竹交加，千树玉梨花，好个岁寒三友，更堪红白山茶。"古代文人墨客对于"岁寒三友"的赞美和喜爱，既有诗词歌赋，也有书画作品，在陶瓷制品中也有不少呈现。这些都是艺术化的表达，本文不再详述。

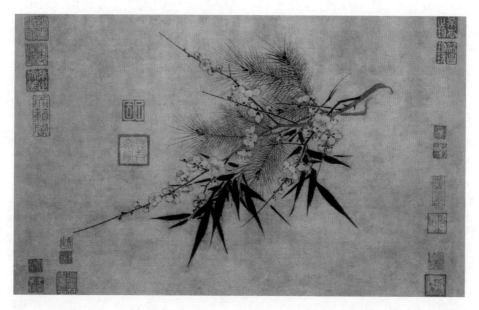

◎ 北宋赵孟坚《岁寒三友图》

6. 从鸡冠花说到救荒植物

鸡冠花是一种一年生草本植物，原产于热带地区。五代时《花经》中有记载，后来经常见于大江南北。鸡冠花的植株并不高，一般不会超过一米。植株中部以下会开很多花，扁平肉质的花很大很厚，这其实是很多花着生在一起形成的花序，顶端散开如同鸡冠，故此得名鸡冠花。有些品种的鸡冠花，花序并不会凑成鸡冠样，而是像一束束凤尾，也有像绒球或火炬的，花样比较多。

最常见的鸡冠花是红色的，就像大公鸡的鸡冠一样。宋代的钱熙将鸡冠花比作女子的头饰："亭亭高出竹篱间，露滴风吹血染乾。学得京城梳洗样，旧罗包却绿云鬟。"稍远看去，整株鸡冠花恰似雄鸡将啼。宋代赵企说得更形象："秋光及物眼犹迷，着叶婆娑拟碧鸡。精彩十分伴欲动，五更只欠一声啼。"

不过也不是所有的鸡冠花都是红色的，也有紫色、黄色、白色等其他颜色的鸡冠花。明代文学家解缙就有一首诗专咏白色鸡冠花："鸡冠本是胭脂染，今日如何浅淡妆？只为五更贪报晓，至今戴却满头霜。"

鸡冠花传入中国已逾千年，由于其易于栽培、花色艳丽，成为广受欢迎的庭院植物。除了观赏，鸡冠花还有其他用途。鸡冠花对二氧化硫、氯化氢等有害气体都具良好的抗性，可起到环境监测与净化作用。鸡冠花又被叫作热带菠菜，在热带有些地区被当作蔬菜栽培。在中国古代，它被当作"篱落之物"，也就是篱笆周围随意栽培的普通草花。明代朱橚（sù）编撰的《救荒本草》录入了鸡冠花，认为其在饥荒的时候可以当作蔬菜。

◎ 鸡冠花　　　　　　◎ 凤尾鸡冠花

其实，在中国古代，还有很多种花卉甚至野菜被当成救荒植物，用于在大面积饥荒发生时替代粮食，比如凤仙花和马齿苋也是代表植物。

凤仙花属于双子叶植物中的凤仙花科凤仙花属，是一年生草本植物，仅在中国已知的就有 200 多种。凤仙花的植株并不高，花的种类却很多。宋代诗人杨万里用"雪色白边袍色紫，更饶深浅四般红"来赞美凤仙花的艳丽。凤仙花的萼片当中有一枚就像花瓣一样，恰似凤尾，而上面的一枚花瓣又像凤头，头翅尾足俱全，所以得名凤仙花。

凤仙花也被叫作"指甲花"，因为它的花瓣可以用来染指甲。在宋元时期，人们已经将红色的凤仙花花瓣与明矾放在一起捣烂了敷在指甲上。据说，古代某些地方，还有

◎ 凤仙花

在七夕节用凤仙花染指甲的传统。元代女词人陆琇卿在《醉花阴》词中描写了女孩染指甲的详细过程："曲阑风子花开后，捣入金盆瘦。银甲暂教除，染上春纤，一夜深红透。"

由此看来，虽然现在的凤仙花已经沦落为路边野花，但在古代还是很招人喜欢的。其实，不但有不少诗人赞美凤仙花，还有人在《群芳谱》等植物谱录中专门记载它，更有清代学人赵学敏著有《凤仙谱》，不但列举了"一丈红""并肩美"等凤仙花珍稀品种，还介绍了凤仙花的栽培技术和药用价值，是中国最早的凤仙花专著。除了观赏和染指甲之外，凤仙花还有药用和食用价值。朱橚所著《救荒本草》就指出凤仙花可以救饥。

马齿苋是一种一年生草本植物，属于双子叶植物中的马齿苋科。它们的植株非常矮小，茎圆柱形，常见的有暗红色，平卧着铺散在地面上，从分枝又生出分枝，一株马齿苋就可以铺满好大一片地。叶片扁平、比较厚，排列就像马齿一样。马齿苋在我国南北各地都可以见到，在田间、地头、路旁，都能找到它们。不过，不同地区的人们给了马齿苋不同的名字，如五行草、长命菜、麻绳菜、蚂蚱菜，等等。

马齿苋可以食用。诗圣杜甫的《园官送菜》就有"苦苣刺如针，马齿叶亦繁。青青嘉蔬色，埋没在中园"的佳句。古代的植物谱录中对马齿苋也有记载，如朱橚的《救荒本草》、王磐的《野菜谱》等。马齿苋不但可以食用，还可以药用，在宋代《图经本草》等多种中国古代本草著作中都有记载。

◎ 马齿苋

由于天灾人祸的原因，在中国古代各地难免会发生饥荒，有人将各种救荒措施记录下来，形成了各种综合的或专门的救荒书，其中就包括野菜类或本草类。历代农书中一般都有救荒相关的内容，到了明代出现了专门的著作，《救荒本草》就是其中的代表。

《救荒本草》的作者朱橚是明太祖朱元璋的第五个儿子，该书专门记载可以食用的植物。全书分为上下两卷，记载了414种植物的形态特征、加工和食用方法，每种植物都配有插图。朱橚利用自己的地位，组织有经验的药农采集植物，并引种到自己的

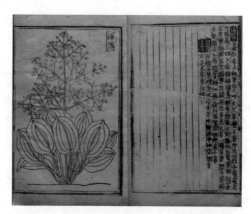

◎《救荒本草》中的泽泻插图

苗圃中，又请高水平画工比照实物绘图，因此该书的插图对于植物特征的描述比较准确。《救荒本草》按照草部、木部、米谷部、果部、菜部编排内容，在各部下面，又按照可食用部位分为叶可食、根可食、实可食等。野生植物中有些是有毒的，该书还介绍了祛毒的处理方法，比如用豆叶同蒸的方法祛除商陆科植物商陆的毒性。该书影响较大，被其他救荒类图书《野菜谱》《野菜博录》《茹草编》等大量引用，还被徐光启的《农政全书》收录，清代时传入日本，后来也受到其他国家专家学者的青睐。著名的中国科技史专家李约瑟认为，朱橚的《救荒本草》在人道主义方面有很大的贡献，他既是一位伟大的开拓者，又是一位伟大的人道主义者。

救荒植物类著作关注的对象非常特别，在我国植物学史和农史上都占有重要地位。

7. 杜鹃是鸟还是花

　　说到杜鹃，不知道你首先想到的是一种鸟还是一种花？

　　杜鹃是极为少见的动植物同名的名字。究其根源则可能来自古代的传说。据说在上古时期，有一位被称为望帝的蜀王名叫杜宇，化成了一只鸟，人们把这只鸟也叫作"杜宇"或"杜君"，久而久之就变成了"杜鹃"。每年春天，杜鹃鸟都会"布谷——布谷布谷"地叫个不停，加之它口腔上皮和舌部都是血红色，看上去像吐出鲜血，人们误以为是杜鹃吐出的血染红了山野的一种花，因此这种花也被叫作杜鹃，又名"映山红"。由于杜鹃的叫声好像在催促人们播种，因此又被叫作"布谷鸟"。正因为有了这样一个典故，古代才留下了"杜鹃啼血"的说法，也有了诗人笔下的名句。比如李商隐在《锦瑟》中言道："庄生晓梦迷蝴蝶，望帝春心托杜鹃。"李白在《宣城见杜鹃花》中说："蜀国曾闻子规鸟，宣城还见杜鹃花。"

　　对于杜鹃鸟，估计你也不会陌生吧。杜鹃鸟其实并非是一种鸟，而是指杜鹃科各种鸟。常见的杜鹃鸟有大杜鹃（也叫二声杜鹃）、三声杜鹃、四声杜鹃、八声杜鹃。大杜鹃又叫布谷鸟，它的鸣叫每次只有两声，好像是"布谷、布谷"，杜甫就有"布谷处处催春耕"的诗句；由于方言的不同，有的地方将其称为"获谷""击谷""搏谷""拨谷""勃谷"，等等。它们还有一个奇特的繁殖习性，就是喜欢把蛋产在其他鸟类的巢里，让人家代为孵化后代。这种特殊的繁殖行为叫作巢寄生，自然界中有这类习性的鸟有 80 多种。《诗经》中就有"维鹊有巢，维鸠居之"的诗句，其中的"鸠"指的就是大杜鹃，这说明很早的时候古人就注意到了这种现象。对于四声杜鹃，春夏之交经常可以听到它们的四声鸣叫，好像在说"快快布谷"，也有模拟为"不如归去"的，因此杜鹃又被叫作"子归"或"子规"。不过，在古代文献中，往往将大杜鹃和四声杜鹃混淆在一起，都认为是杜宇所化。杜鹃的别名非常多，且基本上都是出于古人对其意象化的解读，并非是从其生物学特征出发命名的。

◎ 大杜鹃

说完杜鹃鸟，再来说说杜鹃花。杜鹃花是双子叶植物中的杜鹃花科杜鹃属，其种类较多但都不太高大，多为常绿灌木。花冠是漏斗形的，往往是几朵花簇生在一起。虽说映山红叫作杜鹃花，但并非所有的杜鹃花都叫映山红，更不是所有的杜鹃花都是红色的。杜鹃属的植物中，还有多种颜色的杜鹃花，如白花杜鹃、紫花杜鹃、粉白杜鹃、鲜黄杜鹃，等等，可以说

◎ 映山红

是五颜六色了。实际上，杜鹃属植物有900多种，仅在我国就有500多种，大江南北都可见到，但在南方地区更为多见。

我国有比较悠久的杜鹃花栽培史，杜鹃花被列入"十大名花""十八学士"之中。杜鹃花又被称为"山石榴""羊踯躅""红踯躅"等。由于红花杜鹃的花色与石榴花相近，因此被称为"山石榴"，但二者的果实差

异较大。杜鹃花原来是野生的，可能在唐代正式成为园林植物，唐代白居易曾经写下多篇与杜鹃花有关的诗句，他在《山石榴花》中说杜鹃花"本是山头物，今为砌下芳"。他在《山石榴寄元九》中提到山石榴又叫山踯躅、杜鹃花，并夸赞杜鹃花"花中此物似西施，芙蓉芍药皆嫫母"。宋代镇江鹤林寺因栽培杜鹃而闻名，苏轼就曾在《和述古冬日牡丹四首其一》中留下"当时只道鹤林仙，能遣秋花发杜鹃"的诗句。明代王世懋在《学圃杂疏》提到杜鹃花当中"叶细、花小、色鲜"的被称为"石岩"。徐霞客在游记中也记录了云南的杜鹃花。清代陈淏子在《花镜》中描述了红花杜鹃的主要特征和栽培要点，提到了杜鹃植株并不高大、重瓣花、先花后叶、喜阴而恶肥，也说杜鹃有黄、白二色的。

◎ 杜鹃花

在有些本草典籍中，将羊踯躅归入毒药中，说羊踯躅也叫黄杜鹃，花味辛、大毒。如果羊误食了这种植物就会中毒，因此叫作"羊踯躅"，又叫闹羊花。南朝时陶弘景在《本草经集注》中提到"羊食其叶，踯躅而死，故名"。李时珍在《本草纲目》中说杜鹃花又叫红踯躅、山踯躅、山石榴、映山红，花像羊踯躅，小儿食花味酸无毒。其实，杜鹃花种类很多，有的有毒，有的无毒，如果要食用，还是需要小心鉴别的。

中国原产的杜鹃花种类繁多，很早就被引种到国外。据记载，早在唐代的时候，杜鹃花就被引种到日本。到了19世纪以后，日本又将我国的杜鹃与其本国杜鹃杂交，从而培育出一些新品种。鸦片战争以后，英国引种了中国的高山杜鹃、云锦杜鹃等品种，法国传教士在云南采集了露珠杜鹃、腋花杜鹃、四川杜鹃等品种运回欧洲。欧洲人后来也将不同品种的杜鹃进行杂交，培育了一些新品种，而日本和欧洲新培育的品种又传入中国，由此出现了西洋杜鹃。

作为盛产杜鹃花的国度，中国对于杜鹃花的分类、杂交繁育等相关研究都落后于西方国家，不能不说是一件憾事。不过，从20世纪以后，我们在相关领域不断取得新成就，有了更多新发现，也让我们有了更多期待。

8. 构树的栽培与文化

构树属于双子叶植物中的荨麻目桑科构树属，是一种落叶乔木，广泛分布于南北各地，古人很早就将其开发利用。它的树皮灰色，树干可以长到 10 米以上。构树的叶片正面有毛，摸上去比较粗糙，背面密布更多绒毛，摸上去反而是软绵绵的。构树的叶形多样，即便是同一株，叶子的形状也有差别，有的是卵圆形的没有开裂，有的叶子却有三个或五个开裂。

◎ 构树雄花

◎ 构树雌花

构树是雌雄异株的，雄花如穗子一般，雌花是球状的花序。到了夏秋时节，雌株的构树就会结果。由于果实像杨梅，所以有些地方把构树叫作假杨梅，但构树的果实是聚花果，与杨梅的核果并不相同。

◎ 构树果实

构树在我国有着悠久的栽培和利用史。2000 多年前，这种生长迅速、适应性强的树种就已经被普遍种植了，不同地方的人们把构树分别叫作穀（gǔ）木或楮树。《诗经》当中有"黄鸟黄鸟！无集于穀，无啄我粟"等诗句，其中的"穀"指的就是构树。《山海经》中有多处提到构树。三国时期的陆玑在《毛诗草木鸟兽虫鱼疏》中就指出构树"幽州人谓之谷桑，荆扬人谓之穀，中州人谓之楮"，可见那时候构树已经常见于大江南北了。

构树在古人的生活中扮演了重要角色。从古代起，人们便以构树皮为原料做衣服、造纸。《毛诗草木鸟兽虫鱼疏》中说："今江南人绩其皮以为布，又捣以为纸，谓之穀皮纸，长数丈，洁白光辉，其裹甚好。"晋代裴渊的《广州记》记载，"蛮夷取穀皮熟捶为揭，裹臀布，铺以拟毡，甚暖也"，说明当时南方多地有将构树皮做布的技术。这一技术一直延续下来，明代李时珍在《本草纲目》中还提到"武陵人做楮皮衣，甚坚好"。在寺庙里，构树皮被用来做成僧服，粗布僧服被称为"楮衲"。宋朝朱熹在《赠上封诸老》诗中写有："楮衲今如许，绵袍那复情。炉红虚室暖，聊得话平生。"时至今日，海南省的黎族群众仍然保存着使用构树皮等原料做树皮布的工艺，被列入国家非物质文化遗产名录。

以构树皮造纸的技术，也是由来已久。《毛诗草木鸟兽虫鱼疏》中讲到构树皮做的纸质量上乘。南朝时期陶弘景在《名医别录》中提到"楮，即今构树也，南人呼穀纸为楮纸"。贾思勰在《齐民要术》中更加详细地描述了楮纸的技术和交易。直到明代科学家宋应星的《天工开物》对此仍有详细记载。古代僧人也有种植构树造纸的，主要用来抄写经书。楮皮纸色泽洁白、质地绵软，被广泛地应用于书写文书、契约甚至奏本、高级书法和绘画，常被称为"楮先生"和"楮国公"。也有人用"楮"字来代替"纸"，"楮墨"指"纸墨"。后来，构树皮造纸的技术传到了日本、东南亚等国家和地区。今天，贵州黔西南贞丰县以构树皮为材料造"白棉纸"，也同样被审批为国家非物质文化遗产。

由于用构树皮制造的纸质量较好，因此也被用于纸币。北宋时期出现了世界上最早的纸币"交子"，是用构树皮纸印刷的，因此也被称为"楮币"。元代史学家费著在《楮币谱》中提到，楮币是由蜀民发明的。楮币在北宋时期正式发行，对于百姓生活和国家稳定都起到了重要的作用。

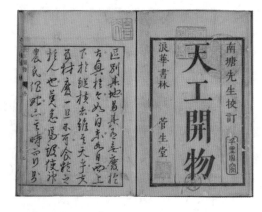

◎《天工开物》

构树的各部分都可以入药。构树的果实在古代叫作楮实，被认为是构树最有药用价值的部分。李时珍在《本草纲目》中直言"医方但贵楮实"，并总结了其他医书中关于楮实在治疗"水气蛊胀、肝热生翳、喉痹喉风、金疮出血、目昏难视"等方面的作用。对于构树的叶子，《太平圣惠方》《本草纲目》等医书都记载其具有治疗癣疾的功效。构树的皮、树皮分泌的白色汁液也都有药用价值。

自古以来，国人就有将构树作为食材的传统，构树的雄花序、叶子、果实都可以食用。《毛诗草木鸟兽虫鱼疏》中写到"其叶初生可以为茹"，《本草纲目》中也说在歉收的年份，人们会食用构树的花和果实，《救荒本草》也将其作为救荒植物。

构树也被古人用来作为动物饲料。南宋时期陈旉的《农书》中记载了构叶养牛的方法："宜预收豆、楮之叶，与黄落之桑，舂碎而贮积之。天寒即以米泔和剉（cuò）草（铡碎的草）、糠麸以饲之。"清代《农桑经》《三农纪》等书中也有将构树叶片捣碎与麦麸等拌合喂牛的记载。《三农纪》还记载了使用构树叶片饲喂家猪的方法。此外，构树具有生长快、适应性强、冠大荫多等特点，因此很早就被用作园林绿化树种。

9. 鸭脚生江南——银杏的栽培与文化

每年一到秋天，各地的银杏树叶开始变黄脱落，成为"金秋"的表征植物。要知道，虽然银杏在我国各地都比较常见，但它却是中国特产、一级保护野生植物。

银杏属于裸子植物中的银杏科，因其种子而得名，由于种子又名"白果"，因此银杏树又被叫作白果树。银杏的叶子是扇形的，中间有缺刻，看上去有点像鸭子的脚，因此古人又将银杏叫作鸭脚。与被子植物不同的是，银杏开花不明显，种子外面有种皮，但再外面是没有果皮的。银杏的植株是雌雄异株的，只有雌株才能结出银杏来。银杏从开始栽培到结果要花数年时间，因此又被称为"公孙树"，清代陈淏子在《花镜》中说："银杏一名鸭脚子……又名公孙树，言公种而孙始得食也。"

银杏出现于3亿多年前，中生代的时候曾在地球上大部分地区分布。但到了第三纪晚期和第四纪，冰川运动导致银杏在世界上绝大部分地区都消失了，只在中国的部分地区有少量分布，由此银杏成为孑遗物种、植物界的"活化石"。现在，野生的银杏树只在浙江西天目山、重庆金佛山、川鄂交界神农架地区、皖豫交界大别山地区、云南彝良地区等有少量分布。不过，人工栽培的银杏分布要广得多，而且在历史上，中国人很早就开始栽培和利用银杏了。在各地的寺庙、园林等地，留下了许多银杏古树，比如安徽九华山的商代银杏，山东莒县浮来山的周代银杏，四川青城山的汉代银杏，北京潭柘寺的辽代"帝王树"银杏，等等。

"银杏"这一名词到唐代才出现，在此之前，对于银杏的文字记载比较少，但是在图像中有一些体现。江苏徐州等地的汉代画像石上有银杏

◎ 银杏树

的图像，东晋时期画家顾恺之的《洛神赋图》中有不少银杏树。在南京出土的南朝时期《竹林七贤与荣启期砖画》中有8个人，人与人之间以植物相隔，其中有多株银杏树。宋代文学家晁补之曾在诗词中提到隋代龙兴寺栽种银杏树，说"宣城此物常充贡，谁与连艘送万囷（qūn）"。说明当时银杏树的栽种还不够普及，以至于地方上会将银杏作为贡品。唐代有了"银杏"一词，但当时人们更常用"平仲"指称银杏。比如诗人沈佺期在《夜宿七盘岭》中有言："芳春平仲绿，清夜子规啼。"

到了宋代，"银杏"之名成为其正式的称呼。宋代《诗话总龟》中提到，"京师旧无鸭脚，驸马都尉李文和自南方来，移植于私第，因而著子，自后稍稍蕃多，不复以南方者为贵"。北宋文学家欧阳修诗云："鸭脚生江南，名实未相浮。绛囊因入贡，银杏贵中州。"说明银杏在宋代仍被列入皇家贡品，但银杏的栽培已经从南方发展到北方。明代李时珍《本草纲目》提到银杏时说，银杏原产江南，因为叶子的形状像鸭掌，所以叫鸭脚，宋代成为贡品，又因为果实的形状和颜色被叫作银杏。银杏在宋代仍是比较少见的名贵果品，因此达官贵人将其作为互相馈赠的佳品。北宋诗人梅尧臣在《代书寄鸭脚子于都下亲友》中说"后园有嘉果，远赠当鲤鱼。中虽闻尺素，加餐意何如"。到了南宋时期，银杏的栽培更加普遍，但仍然以南方为主产区。南宋女词人李清照写下《瑞鹧鸪·双银杏》，将自己和丈夫赵明诚比作银杏。

南宋《绍兴本草校注》已经将银杏作为中药材，元代李杲在《食物本草》中将其称为白果，一直到《本草纲目》沿用此名。银杏不但被作为药材，更多被当成果品食用。宋代《格物粗谈》提到银杏的加工技术，并说"银杏多食能醉人"。李时珍的《本草纲目》也说有人在饥荒时期大量食用银杏导致中毒死亡。明代徐光启《农政全书》中记载白果食用方法为："惟炒煮作粮食为美，以潌油甚良。"银杏木也被用来作为家具和朝笏（hù，古代大臣上朝时手中拿的狭长板子，上面可记事）的材料，寺庙和园林中也多以银杏造景，清代文学家袁枚的随园中就有银杏胜景，清代政治家翁同龢曾为老家常熟谢桥双忠庙的银杏画《双银杏图》。

在对银杏栽培利用的过程中，古人还记载了银杏的生物学特征及其栽种技术。宋代时，古人已经认识到银杏雌雄异株，"雄者三

◎ 银杏果

稜，雌者二稜，合二者种之，或在池边，能结子而茂"。元朝官修农书《农桑辑要》提到，春分前后移栽银杏。元代农学家鲁善明在《农桑衣食撮要》中提到银杏的栽培技术："于肥地用灰种之，候长成小树，连土用草包或麻绳束之，则易活。"李时珍在《本草纲目》中也说"须雌雄同种，其树相望，乃结实"。此外，李时珍还提到了银杏的嫁接技术。

银杏虽然是中国的"特产"，但很早就被引种到其他国家。可能早在唐宋时期，银杏就被引入日本和朝鲜。18 世纪，银杏又从日本被引种到英国和美国，随后银杏又被其他国家引种。随着在海外的分布范围逐渐扩大，科学家对银杏的研究也逐渐深入。17 世纪时，普鲁士学者凯普费对日本栽培的银杏观察后做了记载，并提出了"Ginkgo"的名字，后来它成为银杏学名的属名，1771 年瑞典植物学家林奈采用了这个名字，并将"biloba"（意思是"二裂"）作为银杏的种名，此后对于银杏的科学研究更加全面和深入。

第 二 篇

博物篇·动物

中国传统文化中有不少瑞兽的形象，比如龙、凤、麒麟等，但并非所有瑞兽都有真实动物与之对应。与人类生活关系密切的主要是家禽家畜，此外还有金鱼、蟋蟀等供娱乐的动物。本篇选取了在中国传统文化中有代表性的麒麟、狮、虎、金鱼、蟋蟀，以及国宝大熊猫等动物，讲述古人与它们之间发生的故事。

1. 昆虫未必六条腿——古代的动物分类

一说到昆虫，你是不是马上会想到苍蝇、蜜蜂，想到它们共有的特征：两对翅膀六条腿？其实，把昆虫界定为具有如此特征的生物，是一直到近代才确定下来的。在中国古代，昆虫所包括的范围要更广一些，其中不少虫子并非六条腿。今天我们就来讨论一下中国古代的动物分类问题。

世间动物实在太多，仅已知的昆虫就有100多万种，已知的鸟类有9000多种，就是较少的哺乳动物也有4000多种，这么多物种，如何分类的确不是一件容易的事情。但古人是聪明的，从汉字的造字法就可以大致看到他们对动物的分类。比如甲骨文中的狼从犬，表示犬和狼相似；鸡、雀、雉都从鸟形，且都具有二足有羽的特征；蚕从虫形，说明属于虫类。《说文解字》是我国最早的字典了，其中关于动物的名字，更是体现了这一分类思想。比如鸟部下面有凤（鳳）、鸠、鹦等字，鱼部下面有鲤、鲕、鳜等。

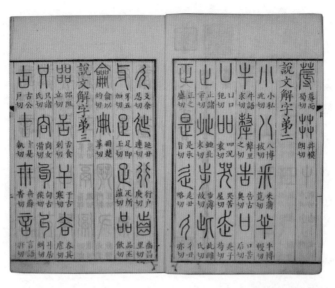

◎《说文解字》

　　春秋时期，古人对于动物分类又有了进步。他们把动物分为大兽和小虫，大兽相当于今天的脊椎动物，小虫则对应于无脊椎动物。他们根据大兽的外部形态，将其分为毛、鳞、羽、介、蠃（luǒ）五类。毛物是外形有毛的兽类，比如虎、豹等；鳞物是外形有鳞片的，主要是鱼类和蛇类；羽物是外形有羽毛的，指的是鸟类；介物是外形有壳的，包括龟鳖之类；蠃物是外形裸露的，指的是人类。

　　我国古代第一部词典《尔雅》大概成书于战国到西汉之间，该书把动物分为虫、鱼、鸟、兽四类，其中的虫大抵相当于无脊椎动物，鱼则涵盖了鱼类、两栖类和爬行类，鸟和兽的定义分别是，二足而羽谓之禽，四足而毛谓之兽，与今天的概念类似。《尔雅》不仅有大类，还有小类。在同一类动物下面，该书会把相似的动物排列在一起，意在表明这些动物关系更近，比如兽中的虎、豹等排列在一起，相当于今天的猫科动物。不仅如此，《尔雅》还提出了"属"的概念，如畜类中列出了马属、牛属、羊属等，马属又涵盖了 40 多种马。需要注意的是，《尔雅》中的属就是类的意思，跟今天生物分类阶元中的属并不一致。此外，《尔雅》中也有分类不准确的，比如鸟类就包括了会飞的哺乳动物蝙蝠和鼯鼠。

后来的动物分类，基本沿袭了先秦时期的分类标准，要么是毛、鳞、羽、介、臝，要么是虫、鱼、鸟、兽，同时又有所发展。到了明清时期，动物分类体系已经非常成熟了。

李时珍的《本草纲目》不仅是一部本草学著作，更是一部动植物分类的百科全书。李时珍把动物按照部和类两个级别进行归类，共分为5部18类，其中虫部包括卵生类、化生类、湿生类，鳞部包括龙类、蛇类、鱼类、无鳞鱼类，介部包括龟鳖类、蚌蛤类，禽部包括水禽类、原禽类、林禽类、山禽类，兽部包括畜类、兽类、鼠类、寓类、怪类。从中可以看出来，李时珍在对动物分类时，既考虑到了动物外形的不同，又考虑到了动物生活环境的不同。当然，这里也有不准确甚至神秘的成分。比如鳞部的药物"龙指""龙骨"，实际上指的是马、象等哺乳动物的骨骼化石；兽部的寓类指的是猴类，"寓"的本意是城里人寄居在山野，古人认为猴类与人类相似，只是寄居在山林里而已，所以称其为寓类；至于怪类，则包括"罔两"等传说中的怪物，也许是有真实的动物与之对应的，也许只是杜撰的。

我们再回到古人对昆虫的分类上来。《说文解字》中虫部的字有的是小虫，相当于今天的昆虫，如尺蠖、螳螂、蟋蟀等，有的则是指线虫动物、爬行动物、两栖动物等，如蛕虫属于线虫动物，各类蛇都属于爬行动物，虾蟆属于两栖动物，蝙蝠属于哺乳动物。《尔雅》中的虫包括几十种虫字旁的动物，并说"有足谓之虫，无足谓之豸"。李时珍的《本草纲目》在虫部根据动物的繁殖方式把各种虫分为三类，其中卵生类指的是通过产卵孵化繁殖的动物，如蜜蜂、螳螂、蚕、蜘蛛等，这些动物大多为昆虫，少数是其他类的节肢动物；湿生类指的是一些在有水的地方产生的动物，如蟾蜍、蜈蚣、蚯蚓、蛞蝓、水蛭、蛔虫等，这些动物分类比较杂，大多数都不是昆虫；化生类则是古人认为由其他东西变化而来，如蛴螬、蛊虫、蜣螂、蚱蝉、蝼蛄、衣鱼等，基本上都是昆虫，这些虫子据传说都是由人、鬼或者其他虫子变化而来，但李时珍本人并不赞同所有的传说，如蚱蝉据说是齐王后死后变化来的，李时珍明确指出这是谬说。佛教将生物按照来源分为胎生、卵生、湿生、化生 4 类，李时珍可能是受到了佛教的影响。需要指出的是，李时珍只是选取了一些可以入药的虫并对其进行了分类，列举的动物种类是非常有限的，其分类体系与现代生物学差异很大，有很多今天看来并不科学的成分。

◎ 尺蠖

晚清以来，大量西方的生物学知识随着西学东渐的浪潮传入中国，其中也包括动物分类和昆虫的知识。英国传教士合信的《博物新编》中说"天下昆虫禽兽，种类甚多，人知其名而识其性者，计得三十万种"，其中有脊骨的动物分为胎生、卵生、鱼类、介类。这里的"昆虫"指的是各类虫子，不单单是指现代的昆虫。法国普谢的《观物博异》第二卷是昆虫类，也是指各类虫子，包括蜘蛛、蜗牛。厚美安的《活物学》根据动物的结构，将高上动物分为鳞类、禽类、兽类，卑下动物分为单珠之动物、众珠之动物、介类之动物、虫类之动物，其中虫类只是列举了蝗虫。

从清光绪皇帝戊戌变法起，大量新式中小学校在各地开办起来，与此同时，新式教科书也出现了。这些教科书有些是根据欧美或日本的教科书翻译来的，有些是中国人自己编写的。到 1922 年中华民国政府实行壬戌学制以后，绝大部分教科书都是中国人自己编写的了。在新式博物学、动物学或生物学教科书中，动物的分类不断发生变化，其中昆虫的内涵也不一样。

清末商务印书馆的《最新中学教科书动物学》将节足动物（即节肢动物）分为甲壳类和昆虫类，而昆虫类包括六足类、多足类和蜘蛛类。但同一时期湖南中学堂的《动物学讲义》将昆虫纲与蜘蛛纲、多足纲、甲壳纲分开，并都归于节足动物中。后来的教科书，昆虫的定义与今天的基本相同，身体分为头、胸、腹三部分，胸部有三对足。如，商务印书馆的《共和国教科书动物学》将昆虫类与多足类、蜘蛛类、甲壳类并列归入节肢动物中。

◎ 蜘蛛

时至今日，仍然有小朋友认为蜘蛛属于昆虫，想来也是完全可以理解的，毕竟昆虫的概念也是不断变化的。只要让他们数一下蜘蛛有几条腿，并且告诉他们现在我们说的昆虫都是 6 条腿，他们自然就会得出正确结论了。

2. 麒麟竟成长颈鹿？

从远古时期开始，中国文化里就有动物的形象，其中不乏像龙凤、麒麟等瑞兽，神话传说中经常流传的有四大瑞兽，分别是青龙、白虎、朱雀、玄武（龟），也有人把麟、凤、龟、龙并称四灵，可见麒麟是典型的瑞兽，民间就有"盛世出麒麟"的说法。这些瑞兽，并非只是想象的产物，它们都有着其他常见动物的特征，只是经过了加工，有的兼具几种不同动物的特征，并被赋予了一定的象征意义罢了。

古人对于麒麟的记载非常丰富，但总的来看早期并无实物描述。《说文解字》中说麒"麇身龙尾一角"，有人据此推测麒麟是类似犀牛一样的神兽。各类不同著作对于麒麟的外形描述不尽一致，一般来说是兼具龙、鹿、牛、虎等动物的特征。

作为一种瑞兽，麒麟被赋予了仁兽的意义，其形象很早就出现在青铜器、壁画、玉雕等的纹饰中，且形象多变。出土于广西贺州的麒麟尊，是春秋战国时期的青铜酒器，其形状大致是有角、似羊，身上刻满夔纹，还有龙凤的形象附着其上。汉代以后，麒麟的形貌不再像牛、羊、鹿，而是兼具龙和狮虎的特征。民间有麒麟多子的说法，故有各类"麒麟送子"图留世，这些图上的麒麟都是龙和狮虎复合体的形象。明洪武二十四年（1391年）规定，公、侯、驸马、伯以麒麟

◎ 麒麟尊

作为补服图案，因此被称为一品麒麟。到了清代，武官的官服上也有麒麟。这些官服上的麒麟也是龙虎的样子。

麒麟毕竟是传说中的动物，古书中历来并没有真实动物的记载。《春秋》中有鲁哀公"西狩获麟"的记载，后来又有汉武帝获麟的记载，但这些可能多是传说，且无具体描述，无法推测其真实面貌。有趣的是，随着一件中西交流大事的发生，这一传说中的动物开始跟真实存在的动物建立联系。这一事件就是郑和下西洋，这一真实动物就是长颈鹿。

长颈鹿属于脊椎动物中的哺乳动物，主要分布在非洲。虽然有化石表明，二千多万年至二三百万年以前，长颈鹿的祖先曾经在亚洲生存过，但它们的颈和腿没有现在那么长。进入人类历史时期的中国并不产长颈鹿，因此但凡在历史上记载的长颈鹿，都来自外邦。

中国古代对于长颈鹿最早的记载可能是宋代李石的《续博物志》，该书将长颈鹿称为"驼牛"，稍晚的赵汝适在《诸蕃志》中将其称为"徂蜡"，这两种称谓分别来自长颈鹿的外形和发音（阿拉伯语）。不过他们记载的都是见闻，其实当时长颈鹿尚未引入中国。

明代郑和下西洋时，到达了长颈鹿的原产地非洲，并将长颈鹿带回国内，郑和称其为"祖剌法"，国人则称其为"麒麟"，此后又有国家将其作为贡品进献给明朝皇帝，并有《瑞应麒麟图》留世。后来长颈鹿又多次被引入中国，国人对其认知逐渐增多，给出的名字也非常多，其中"麒麟"为多数。明代把长颈鹿叫作麒麟，其实是有对皇帝和朝廷歌功颂德的成分在里面，因为"盛世出麒麟"。

鸦片战争后，西学进一步传入中国。英国传教士合信在《博物新编》中介绍了长颈鹿的外形和习性，称其为"麋类之特"，名为"之猎猢"，并说"中国无名"，说明他对长颈鹿早期入华故事并无了解。近代的生物学教科书中，也有对于域外动物的介绍，其中就包括长颈鹿。不同的教

◎《瑞应麒麟图》（局部）

科书对于长颈鹿的称谓有所不同，介绍的详略也有差异。

清末英国传教士艾约瑟的《动物学启蒙》在"倒嚼动物"（反刍动物）中介绍了长颈鹿的外部形态，突出其"身形高，长至丈有八尺……居于斐洲南境"，该书没有强调长颈鹿的"长颈"特点，配图中颈部的比例也不恰当。该书将其称为"鹿豹"，并说"原名知拉夫"。韦门道的《百兽图说》（1882年）中也称呼长颈鹿为"鹿豹"，说其"又名知儿拉夫"，该书强调了"其项最高举"的特征。潘雅丽的《动物学新编》（1899年）单列了一章，详细介绍了长颈鹿的外形特征、生活习性和科属分类，将其归属为有脊骨支派、热血族、乳哺部、有四足小部、有蹄科、返嚼属、长颈鹿种，并使用了"长颈鹿"的称谓。

1902—1903年，清政府推行了新学制，出现了大量中小学动物学教科书，这些教科书早期大部分译自日本，对于长颈鹿的介绍分散于分类部分。如清学部编写的《博物学动物篇》（1908年）仍将长颈鹿称为

"麒麟"，并给出了学名，其学名的意思是长着豹纹的骆驼，该书对长颈鹿的外部形态做了形象描述。不过该书呈现的学名写法与现代不一致。还有一些教科书也将长颈鹿称为麒麟，如黄立猷的《最新动物学》等。王季烈在《动物学新教科书》中使用了长颈鹿的现名，同时注明"别名芝獵夫"，并说疑似古代的麒麟。

◎ 长颈鹿

近代中国的动物学知识花了较长的时间才逐渐达成一致。在同一时期内，不同媒体呈现出来的动物学知识是有差异的，比如域外动物的称谓。这是因为这些知识基本上都译自日本或欧美，中国人并没有对其专门考察研究。当中国的生物学逐渐开始建制化，生物学的话语体系也趋于统一，国人对于长颈鹿的认知才更加科学了。

3. 中国古代的狮文化

说到狮子，你肯定不会觉得陌生。在现实生活中，除了动物园里的狮子，我们还可以在很多建筑中找到狮子雕塑，著名的北京卢沟桥的桥栏上就雕刻了数百个石狮子，以至于"卢沟桥的狮子——数不清"已经成为一句歇后语。此外，在不少地方逢年过节还有舞狮子的风俗。由此，许多人觉得狮子这种动物应该是中国本土的，不然不会形成这么悠久而丰富的狮文化。实际情形是，中国本土并不出产狮子，说到底，狮文化是中国人对域外文化本土化的产物。

首先，我们先来看看狮子的生物学特征、演化及其地理分布。

狮子属于哺乳动物中的猫科豹属。据研究，狮子很可能是起源于非洲，曾广泛分布于非洲大陆、欧亚大陆和美洲大陆。然而，随着自然环境的变化和人类的影响，很多地区的狮子逐渐消失了。现存的狮子主要分布在非洲、亚洲的印度地区，包括非洲狮群、亚洲狮群两个亚群、8个亚种，在2014年均被列入《世界自然保护联盟濒危物种红色名录》。至于现在分布于美洲大陆的美洲狮，则属于猫科美洲金猫属，其形态特征与狮子差别较大，不在我们讨论的范围内。

与其他猫科动物不同的是，狮子是群居性动物。从外部形态来看，雄狮和雌狮有明显差异，雄性的颈部有鬃毛，且体形比雌性的略大。从生活环境来看，狮子主要生活在热带稀树草原、低矮树林之中。

由于中国本土不产狮子，所以中国古人对于狮子的分布及其特征所知甚少。

两晋时期的郭璞给《穆天子传》作注时认为书中的"狻猊"即是"师

◎ 狮子

子"，南朝宋时范晔所著《后汉书》对于狮子的称谓也是"师子"。直到南朝梁时的《玉篇》才出现"狮"这个字。

作为活生生的动物，狮子进入中国还是从东汉开始的。据史书记载，汉章帝章和元年（87年）安息国派使臣进贡狮子；汉和帝永元十三年（101年），安息国再次进贡狮子和孔雀；汉顺帝阳嘉二年（133年），疏勒国进献狮子和犀牛。从东汉这段时间开始，中原的达官贵人才真正开始见识到狮子到底长什么样子。在《东观汉记》中较为准确地描写了狮子的外在特征："狮子形如虎，正黄，有髯耏，尾端绒毛大如斗。"此后的朝代不断有西域进贡狮子的记录。

隋唐时期，西域的波斯、康居国、石国都有向中原王朝进贡狮子的记录。例如唐开元七年（719年）大秦国王派遣使臣进献狮子和五色鹦鹉。但考虑到狮子长途跋涉运到中国本来就非常困难，即便来了也比较难养，因此唐宋时期都有婉拒狮子的记载。唐太宗时期的虞世南曾作《狮子赋》，不但写出了狮子的凶猛，还刻画了狮子进贡途中的艰辛。武则天和宋哲宗都曾经拒绝外邦进贡狮子。与之相对应的是，有些负责运送狮子到中国来的外国使者也认为这是一件很费力的任务，其中的个别人甚至会杀死进贡的狮子，以减轻旅途的负担。

明清时期仍然有狮子入华的记载。明代的郑和下西洋是中国古代航海史上的壮举，郑和在返回途中也曾带回狮子、长颈鹿等动物。康熙十七年（1678年）葡萄牙使臣进贡狮子，这是古代史书记载的最后一次外邦进贡狮子了。

从明朝末年开始，西方传教士进入中国内地传教，并传播了大量西方知识。意大利传教士艾儒略的《职方外纪》、比利时传教士南怀仁的《坤舆图说》等书籍都有关于狮子的介绍。康熙朝时，意大利传教士利类思眼见中国人对于他国进贡的狮子不甚了解，撰写了《狮子说》一书，这是第一本专门讨论狮子的中文著作。该书分为"序言""狮子形体""狮子性情""狮不忘恩""狮体治病""借狮箴儆"和"解惑"六大部分，对于狮子的外形、习性、与人类的关系做了描绘，序言之后有一幅狮子图。

狮子是非洲草原之王，很显然并不适应古代中国皇城内的圈养生活。然而，与其他外来的动物不同的是，与狮子有关的形象却非常频繁地出现在中国古代的官方和民间生活中，比如狮子雕塑、绘画，文学作品中的狮子形象，还有民间的舞狮活动。

如前所述，迟至东汉才有真正的狮子作为贡品进入中国境内，与真实狮子形象相符的狮子雕塑也是到了魏晋时期才真正出现。特别是在东晋以后，随着佛教在中国的传播，狮子形象也在佛教造像中大量出现。与西域进贡的狮子相比，通过佛教传播的狮子文化对于中国的影响不容小觑。佛教经典中，就有把释迦牟尼叫作"人中师（狮）子""大师（狮）子王"的比喻，佛的坐席被称为"师（狮）子座"，佛的说法特别是释迦牟尼的说法叫作狮子吼。佛教中的文殊菩萨也是将狮子作为自己的坐骑。因此，佛教传入中国以后，在相关的塑像、绘画等场景中，都不乏狮子的影子。

◎ 卢沟桥的石狮子

◎ 河北沧州铁狮子（新铸）

　　山西博物院收藏的北魏时期四面造像石中，菩萨法座的两侧各有一头护法狮子。民间生活中，狮子雕塑还出现在达官贵人的府邸门口和墓地中。狮子的造型一般是卧狮、蹲狮或走狮，汉代的狮子还有生出双翼的造型。说到狮子雕塑，最著名的莫过于本文开头提到的卢沟桥的石狮子。卢沟桥位于北京市永定河上，建于金大定二十九年（南宋淳熙十六年，1189 年）。整座桥的柱子上雕刻了大大小小的狮子，据统计大概有 502 个，这些狮子形态各异、惟妙惟肖。狮子虽然是一种凶猛的野兽，但在中国的艺术形象却大多是憨态可掬、惹人喜爱的。民间的狮子滚绣球、狮子戏球图像，往往给人一种吉祥如意的印象。富贵人家门口的狮子雕塑，有时候是一对，一边是雄狮滚绣球，另一边则是雌狮踩着小狮子，无论是雄狮还是雌狮，基本上都是惹人喜爱的形象。除了石质的狮子雕像，还有铁铸、铜铸等。河北沧州的铁狮子是现存最大的铁铸狮子，铸造于五代时期的953年，身长6.264米，体宽2.981米，通高5.47米，重约32吨。

　　由于大部分中国古人并没有见过真实的狮子，所以雕塑、绘画等艺术作品展示的狮子多有讹误，有一些是写实的，但很多则是参照其他来源后进行了加工。明代宫廷画家周全的《狮子图》是比较写实的，此画以山水为背景，描绘的是1只雄狮和3只幼狮。据考证，周全所在的年代，确实有外邦进贡狮子，周全很有可能见过真实的狮子，但未必见过画中的雄狮和幼狮，因为画中的幼狮头颈部画有鬃毛，事实上幼狮是没有鬃毛的。雄狮也画得与真实的样貌相差很大。

◎ 明代周全《狮子图》

　　在中国古代大量的文学作品中都有狮子的痕迹。比如四大名著之一的《西游记》中曾多次提到狮子。例如，乌鸡国国王被青毛狮子所害，而这狮子本来是文殊菩萨的坐骑。唐僧师徒经过狮驼岭险遭毒手，其中的青毛狮子怪最后被文殊菩萨收走。经过玉华州的时候，黄狮精拿了孙悟空的兵器，被后者打死，而黄狮精是九灵元圣的干孙子，这个九灵元圣是太乙天尊的座驾九头狮子，下界后还收服了黄狮、猰貐、抟象狮、白泽、伏狸、猱狮、雪狮七狮。其中的猰貐在战国时期成书的《穆天子传》和《尔雅》中都有提及，颜师古给《尔雅》的注解认为猰貐就是狮子。除了《西游记》，其他名著中有代表性的比如《水浒传》中的地名"狮子楼"，《封神演义》中虬首仙被文殊菩萨收为坐骑青狮，杨森的坐骑是猰貐。

舞狮是中国南北方很多地方老百姓喜闻乐见的一种娱乐形式，最早很可能也是由西方传到中国来的。经过历史的变迁，不同地域的舞狮演变出不同的风格。一般来说，舞狮的时候，大狮由

◎ 舞狮

前后两个人合作装扮，小狮则只有一个人装扮，最前面还有人举着绣球，引诱狮子做出各种动作。就表演风格而言，又可以分为文狮和武狮两种，分别展现狮子温驯可爱和威武凶猛的形象。

总体而言，对于狮子这种外来物种，中国古代民间是极少有机会见到的，由此导致无论是雕像、绘画、文学作品还是舞狮等场景呈现的狮子，与真实的狮子之间存在较为明显的差异。在这种情况下，狮子更多的是一种文化符号，已经成为中国本土化的瑞兽。这种现象产生的原因可能是狮子来自域外，外形比较凶猛，堪称万兽之王，佛教对狮子比较偏爱等。由此导致的另外一个结果便是，中国古人对于狮子的认知缺乏足够的科学性，作为动物的狮子其实在古人的知识体系中是非常不完整，甚至是有错误的。

4. 古代的斗蟋蟀

在中国古代，开发昆虫取得了辉煌的成就，诸如养蚕、养蜂和放养白蜡虫等。一些昆虫也成为供人们赏玩的对象，因此就有了养蝈蝈和斗蟋蟀。

◎ 蟋蟀

蟋蟀是一种昆虫。按照现在的分类体系，蟋蟀属于昆虫纲、直翅目、蟋蟀总科。蟋蟀的俗名比较多，比如蛐蛐、促织等。蟋蟀个头不大，体长 3 厘米左右，丝状的触角比身体还要长，前足步行，后足跳跃，大部分雄虫的前翅有发声结构。蟋蟀是咀嚼式口器，有些蟋蟀的大颚比较发达，擅长咬斗，因此适合斗玩。蟋蟀是不完全变态发育，一生经过卵、若虫、成虫三个阶段，与蝗虫类似。蟋蟀的主要食物是植物的根、茎、叶、果实和种子，说起来是农业害虫。

2000 多年来，中国已经形成了极具特色的斗蟋蟀文化。唐代以前有人饲养蟋蟀，主要是为了听其鸣叫，唐代以后则主要是为了斗蟋蟀。宋代陈执在《负暄野录》中提到："逗蛩（qióng）之戏，始于唐代天宝年间，长安富人以牙笼储之，且以万金付之一斗。"这里的"蛩"指的就是蟋蟀。到了宋代，斗蟋蟀的活动变得比较普及，至明代达到顶峰，到了清代依然比较兴盛。

古代的大量典籍中对蟋蟀也多有记载，产生了为数不少的蟋蟀谱录。在文学作品中，也时常可以看到蟋蟀的影子，像蒲松龄的《聊斋志异》中就有一篇专讲促织的，描写了一个普通百姓为完成官府的蟋蟀征缴任务而引起的不幸遭遇的故事，叫人唏嘘不已。悠久而又特别的斗蟋蟀文化，也让古人对蟋蟀的了解越来越多，从而积累了大量有关蟋蟀外形和习性的知识。

◎ 五代黄筌《写生珍禽图》中画有蟋蟀

在寻找蟋蟀的过程中，古人了解到蟋蟀的主要栖息地是草地泥土洞或石块堆中，天冷以后会进入人类居所。《诗经》中就有"蟋蟀在堂，岁聿其莫""十月蟋蟀，入我床下"的诗句，说的就是这个意思。蟋蟀的活动具有节律性，每年秋冬季节是活动旺季，"白露渐旺，寒露渐绝"。而且蟋蟀是昼伏夜行的，夜深人静的时候，正是蟋蟀鸣叫的高峰期。

斗蟋蟀的行家都比较关注蟋蟀的体色体态，并将其体色主要分为黄、青、紫、红、黑、白六种，善斗的蟋蟀以青色、黄色品质居多；对于蟋蟀的体形，古人主要是采用了比拟其他昆虫的方式，比如贾似道在《促织经》中列举了几种体形，如胡蜂型、蝼蝈（蝼蛄）型、蜘蛛型、螳螂型等。古人对于蟋蟀身体各个部分也有关注，并提出"八格"（头、牙、脸、项、翅、腿、肉、须）或"十二相"（形、声、头、眼、牙、须、项、翅、身、尾、小足、大腿）指称对蟋蟀形体的辨别和审视，当然关注的目的无非是挑选更适合斗玩的品种。

古人一般将蟋蟀养在陶罐、竹笼等容器中。有的还在陶罐里放置两端有孔的过笼，方便蟋蟀钻来钻去。在南宋的时候，人们已经注意到蟋蟀对光的敏感，并在饲养时注意避光。在饲养蟋蟀的过程中，古人对蟋蟀的食性有了较多认识。蟋蟀是杂食性动物，尽管人们认识到蟋蟀是植食性为主，在饲养时给予黄米饭等食物，但也会提供鳗鱼等动物性食物。当蟋蟀生病后，古人会用童便或蚯蚓粪等作为药物予以治疗。

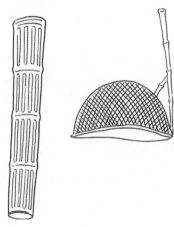

◎ 捕捉蟋蟀的罩筒

◎ 饲养蟋蟀的容器

善斗的蟋蟀是雄性的。雄性蟋蟀在性成熟后会通过鸣叫吸引雌性。在实践中，古人已经注意到，雄性的蟋蟀在与雌性交配后，战斗力会提高。基于这一认识，人们就会通过给雄性配雌的手段来提高其争斗性。古人认识到，在秋天畜养雄性蟋蟀前，最好先养一些雌性的，而且这些雌性蟋蟀个头不能太大，也不能选有明显斗性的，不然雄性反而会受其害，畜养者还会剪去雌性蟋蟀的触须以防万一。

对于蟋蟀的行为，古人了解最多的是其争斗行为。蟋蟀的争斗是有原因的，"争母争窝也"。除了领地和异性会影响蟋蟀的斗性，食物也会有影响，而且适当的饥饿会增强其战斗力。古人将蟋蟀的斗争模式称为"斗品"或"斗名"，可以分为上颚战和搏斗两个层次，主要包括双做口、造桥夹、两拔夹、磨盘夹、炼条箍、狮头抱腰、猕猴墩、丢背、仙人躲影、王瓜棚、绣球夹、黄头儿滚等模式。举个例子来说，所谓"双做口"指的是一方咬住对方的牙齿并摇动，对方发力还夹，双方实力差距不明朗；所谓"猕猴墩"指的是一方咬住另一方并将其甩出，这就明显看得出双方实力差距较大。

蟋蟀的争斗是有策略的，古人以斗口和斗间形容。所谓斗口，即蟋蟀采取撕咬等行为主动出击，说明蟋蟀会判断对方比自己弱；所谓斗间，即蟋蟀采取周旋策略，不主动出击，这是出于对方比己方强的估计。因此，古人说："虫斗口者，勇也；斗间者，智也。"关于蟋蟀的胜利方式，古人也采用了军事化的术语来描述，并将其分为无敌最胜、致力上胜、拙速次胜、用间奇胜、巧迟长胜、绝命下胜6种。

斗蟋蟀本是一种娱乐活动，但在发展过程中也有人误入歧途，将其作为赌博的工具，由此玩物丧志、一掷千金直至倾家荡产，实在让人唏嘘不已。古人为了斗玩而对蟋蟀有了较多的观察了解，并记载于册，让人们对这种昆虫的形态特征、生长发育和繁殖有很深的认识，也让后人对这一小小昆虫与人类的关系有了独特的见识。

5. 历史上的大熊猫

　　大熊猫是家喻户晓的国宝，是中国独有的珍稀动物，国家一级保护动物。中国古人是如何认识大熊猫的呢？大熊猫是否一直都生活在现在的四川、陕西、甘肃这一带呢？

　　遍查中国历代典籍，直到清代才有外国人提出了"大熊猫"的名字，在此之前国人对这种动物的称呼有很多，比如貔貅、驺虞（zōu yú）、貘、白豹、角端等，然而文献的记载并不详细，这些名词背后所指的动物是否都是大熊猫也是值得深入研究的。

　　貘是古代对大熊猫的称呼，基本上达成了共识，这个字有的时候也写作貊、貊、貘等。汉代许慎在《说文解字》中说："貘似熊，黄白色，出蜀中。"晋代郭璞在对《尔雅》的注解中提到："似熊，头小庳（bì）脚，黑白驳，能舐食铜铁及竹骨。骨节强直，中实少髓，皮辟湿。"这是对大熊猫外形和食性的比较详细的描述，而且比较准确。

　　由于大熊猫身体皮毛以黑白为主，因此《山海经》等将其描绘为"黑白兽"。《山海经》等古籍也有说大熊猫"食铜铁"的描述，因此有不少古籍将其称为"食铁兽"，据此可知大熊猫的这种习性应该是真的，但铜铁并非其主要食物，啃噬也不是经常发生的，具体原因尚不清楚。此外，接受度较高的还有"驺虞"这个称呼，《诗经》中有"驺虞，义兽也，白虎

◎《诗经》

黑文，不食生物，有至信之德则应之"的描述，说的是驺虞这种兽类身体是黑白色的，但不吃肉，因此称其为"义兽"。

通过上述介绍可知，古人对大熊猫的认识是比较模糊的，而且有不少错误的认识，比如有些古籍就说大熊猫身体的某些器官或产物有药用或商用价值。这主要是因为大熊猫生活在高山密林之中，平常人很难见其真容，尤其是文人官吏，多是通过他人传说记载，难免在互相传说之中产生讹误。

根据古生物学化石资料，地球上最早的大熊猫可能出现在800万年前。早在第四纪冰期之前，大熊猫已经演化为植食性兽类。到了距今50万—70万年前的更新世中期，小型的大熊猫演化出体形较大的大熊猫，分布范围进一步扩大，覆盖中国大陆的华北、西北、华东、华南、西南和东南亚部分地区，达到鼎盛时期；但到更新世晚期，随着人类活动范围的扩大，大熊猫的生存空间逐渐收缩。同时，由于大熊猫本身的原因，也导致了其种群数量的下降，比如大熊猫的繁殖力不强，雌性每年繁殖1—2胎，且成活率不高，食物消耗较大，作为猛兽的生理结构与功能退化等。

◎ 大熊猫

汉代司马相如在《上林赋》中提到了貘，说明当时在关中地区是有大熊猫的。三国时期，在福建、山西等地都有大熊猫的踪迹。据说唐太宗曾经将貘皮赏赐给有功之臣，而武则天曾将大熊猫活体和兽皮赠送给日本天皇。明代李时珍记载在贵州、四川有大熊猫。明清时期多个地方志记载在四川、湖南、湖北多地都有大熊猫出没。

有学者研究了 300 多年来大熊猫分布范围的变化。结果表明，在 18 世纪和 19 世纪，大熊猫在四川、湖北、湖南、贵州、云南、广东等地区的分布急剧收缩，并造成局部灭绝。其原因在于这些地区的人口成倍增加，森林砍伐加剧，耕地面积不断扩大，挤压了大熊猫的生存空间。

现存的大熊猫主要分布在我国四川省西北部和甘肃、陕西的部分山区，这一带人烟稀少，山势险峻，海拔在 2600—2800 米，气候湿润，箭竹丛生，适合大熊猫的生存。

作为中国的特产珍稀动物，中国人肯定是知道有大熊猫的存在的，然而到了近代，这种知识却变成了只被部分地区百姓知道的地方性知识，比如川西北的民众管它叫白熊或花熊，可惜这种知识没有进入知识阶层的视野。近代以来，国门被迫洞开，传教士等外国人拥入国内，机缘巧合发现了大熊猫，由此才引起世界的注意。

清同治八年是 1869 年，这一年的 3 月份，一位来自法国的传教士谭卫道深入四川雅安宝兴县考察。当时，很多外国传教士对中国非常好奇，他们深入内地各处考察中国的人文和自然资源，并通过非法渠道将大量物产运到外国。谭卫道在一个地主的家里看到了一张此前不曾见过的兽皮，得知这种动物叫作花熊或白熊。后来，他让当地的猎手帮他猎获了两只大熊猫，并将其命名为"黑白熊"，意思是熊属下面的一个新物种。谭卫道将这两只大熊猫制作成标本后送到巴黎自然博物馆。博物馆的动物学家米尔恩－爱德华对其进行了鉴定，认为它与熊差别较大，特意新立大熊猫属。西方人为了将它与小熊猫（panda）加以区别，将它称为大熊猫（giant panda）。在世界了解了这种珍稀动物之后，它的灾难随之降临。大量外国人奔着大熊猫来到中国，捕杀了大量大熊猫，并将其运回欧洲。实际上，外国人劫掠的中国动植物种类和数量都非常多，包括麋鹿（四不像）、野马、金丝猴、珙桐等，给中国造成了重大损失。

◎ 巴黎自然博物馆爱德华所绘大熊猫

遗憾的是，从清朝末年到民国时期，中国国力衰弱，战争不断，政府无力对外国人的劫掠行为进行有效干预。1928 年成立的中央研究院曾经通过与外方签订协议的方式，约束外国人的科学考察行为，并对出于科研需要的标本输出做出明确规定，但实际的效果并不理想。1928 年，美国的罗斯福兄弟在冕宁射杀大熊猫；1935 年英国军人布鲁克莱赫斯特在四川射杀大熊猫；1936 年美国华裔探险家杨氏兄弟协助纽约布朗克斯动物园的哈克尼斯在汶川捉到一只大熊猫幼崽，中央研究院获悉此事想阻拦通关，却未能如愿，最终该幼崽被运到美国。而这一案例更是开了恶性的先河，此后又有多只大熊猫和金丝猴等珍稀动物被捕获、猎杀，运到欧美。直到 1939 年，国民政府终于下令禁止外国人猎杀大熊猫，这才阻止了西方人在华残暴杀戮、捕获大熊猫的恶行。

6. 古人与虎的遭遇

很多人对《水浒传》中武松打虎的故事非常熟悉。虎这种大型猫科动物在古代文学作品中非常常见。《水浒传》中还有李逵打虎为母报仇的故事，梁山多位好汉也以虎作为外号，比如打虎将李忠、插翅虎雷横、矮脚虎王英、金眼彪施恩等，这里的"彪"指的也是虎。冯梦龙《醒世恒言》中有"大树坡义虎送亲"的故事，吴敬梓《儒林外史》有"郭孝子深山遇虎"的故事，《西游记》中有唐僧遇虎、孙悟空打虎做虎皮裙、车迟国虎力大仙、宝象国唐僧被施法成虎等多个桥段。至于与虎有关的成语、典故，在古代典籍中更是不胜枚举。虎在中国古人的精神世界中占有一席之地，不仅如此，虎在人们的现实生活中也有存在感，因为虎曾经在中国各地有广泛的分布。

根据地质调查、考古发掘和文献记载，200余万年前，虎起源于中国黄河中游，而后向外扩散。虎拥有一个共同祖先，且同属于一个种，只是分属于不同亚种。在中国历史上，大约80%以上的地区曾经有虎的分布，在20世纪之前，中国几乎每个省级行政区都有老虎分布。

从虎的地理变迁来看，历史时期中国曾有5个虎的亚种，包括东北虎（西伯利亚虎）、新疆虎（里

◎ 虎

海虎）、印支虎、华南虎、孟加拉虎等。

在中国，华南虎分布最广，它曾广泛分布在中国各地，然而中原地区人口密集，人类的森林砍伐、开垦耕地等活动，挤压了华南虎的生存空间，导致其种群数量持续下降。北魏郦道元《水经注》说山西太岳山、大同恒山等地有虎。唐代的文献记载了山西地区洪洞县、长子县、神山县（今浮山县）等地的多次虎患，唐代时有虎入长安被捕杀的记载，北宋时期《萍州可谈》说山西泽州（今晋城附近）虎患严重，明清时期关于山西虎患的记载更多。到了清朝乾隆以后，相关记载减少，主要原因是人类的捕杀和农业生产活动导致的。

从中国的东北地区一直到俄罗斯和朝鲜一带，分布着我们今天熟知的东北虎，也是现存体形最大的虎。清朝入关以后，对东北地区进行封禁，加上那里地广人稀，在客观上起到了保护作用，有利于虎的生存繁衍，以至于在清中期形成"诸山皆有"虎的格局。但到了清朝末年，沙俄入侵东北，后来日本又来蹂躏，他们都疯狂地掠夺森林等资源，严重破坏了虎的生存环境，导致虎的数量下降。

在中国的长江流域到岭南则有华南虎、印支虎和孟加拉虎等亚种。据《华阳国志》记载，春秋战国时期四川地区虎害严重，说明当时虎的种群数量较大。一直到清代和民国时期，西南地区云南、贵州、四川的虎数量仍然较多。历史文献对于江西、福建的华南虎记载也比较多。但在 20 世纪 50 年代以后，华南虎的数量急剧下降，主要原因是人类的捕杀和干扰。一方面，人类认为虎是凶猛的野兽，对自身生存造成威胁，需要"为民除害"；另一方面，虎骨等中药材的需求令不少人主动猎杀虎，再加上人类活动范围的扩大、森林的破坏和耕地的增加，虎的栖息地缩小，都加剧了华南虎数量的下降。

虎的体色一般是浅黄或棕黄色的，然而自然界中还有一种比较少见的白虎。白虎是一种白化变异的虎，在中国古代历史上也多有记载。先秦著作《礼记》中有"前朱雀、后玄武、左青龙、右白虎"的说法，用四种动物来表示四个方位，这里的白虎不但指右，主要还指西方。《水浒传》中有林冲误闯白虎节堂而被陷害的故事，其中的白虎节堂是讨论军机的重地，一般位于帅府的西方。古代各个时期有不少文献记载白虎的，如《华阳国志》说今天四川地区有白虎，《宋书》记载南朝宋境内多地有白虎出没。白虎甚至成为土家族等族群的图腾崇拜。

◎ 白虎

◎ 春秋早期四虎镈（上海博物馆藏）

　　在对虎的直接或间接认识过程中，中国古代形成了别具特色的虎文化。在"十二生肖"中就有虎的一席之地，在十二地支当中与之对应的是"寅"，寅时指的是凌晨的3点至5点。虎是一种凶猛的兽类，自古以来就是一些部落或族群的图腾，以虎为形象的青铜器和玉器也非常多。古代战争体系中，调兵遣将要用到虎符，这是一种虎形的兵符。在民间，虎的形象出现在石刻砖雕、服装鞋帽等物品上，直到今天仍有地方会给儿童穿虎头鞋。

7. 金鱼小史

　　金鱼是由鲫鱼驯化而来的观赏鱼类，经过长期的人工选育，形成了外形和体色多样的不同品种，深受人们喜爱。中国是金鱼的故乡，世界各地的金鱼都是直接或间接从中国引入的。

　　中国古人很早就注意到鱼的体色多种多样，《山海经》中就提到"睢水出焉，东南流注于江，其中多丹粟，多文鱼"，晋代郭璞认为这里的"文鱼"指的是有斑纹的鱼。两晋南北朝时期，有人记载庐山有红色的鱼，称之为"赤鳞鱼"或"赤鲋"，但无法确定是否就是金鱼。

◎ 金鱼

　　文献中比较确切地提到人们养殖金鲫鱼或金鱼，是到了宋代的时候。明代李时珍在《本草纲目》中提到："金鱼有鲤鲫鳅鳖（cān）数种，鳅鳌尤难得，独金鲫耐久，前古罕知……自宋始有畜者，今则处处人家养玩矣。"意思是说，金色的鱼有多种，金鲫鱼从宋代开始有人养殖，到了明代成为非常常见的观赏鱼类。北宋时期的诗人陆蒙老在《嘉禾八咏·金鱼池》中吟咏道："池上春风动白苹，池边清浅见金鳞。"这是对于嘉兴地区在池塘中人工养殖金鱼的早期记载。杭州南屏山兴教寺曾因饲养金鱼而闻名，苏轼在杭州任职时曾多次到兴教寺观赏金鱼，并留下了"我识南屏金鲫鱼，重来拊槛散斋余"的诗句。早期的池养金鱼可能是在寺庙的放生池中，后来才成为民间的养鱼方式。据说宋高宗也非常喜爱养金鱼，在其影响下，南宋朝野兴起金鱼饲养之风，社会上也出现了专门的行业叫作"鱼儿活行"，当时的《钱塘县志》记载："杭州等地园亭遍养玩之。"

南宋岳飞之孙岳珂在《桯史》中记载了金鱼的饲养方法："蓄鱼者，能变鱼以金色，鲫为上，鲤次之……或云以阛市污渠之小红虫饲，凡鱼百日皆然。初白如银，次渐黄，久则金矣，未暇验其信否也。又别有雪质而黑章，的皪（dì lì）若漆，曰玳瑁鱼，文采尤可观。"这里提到了用小红虫也就是水蚤来饲养金鱼，而且介绍了不同的金鱼品种。实际上，宋元时期，人们已经培育出白色和花斑等金鱼品种。宋代饲养金鱼的主要方式是池养，但据考证可能也已经发展出更加方便的缸养或盆养金鱼的方法，只是不够普及。

元代《居家必用事类全集·养鱼法》比较详细地记载了当时的金鱼繁殖方法，其中提到可以使用三个水池，大鱼产卵孵化后，鱼苗在第二个池子饲养，等长到如手指大小时，再移入第三个池子，这样就可以避免大鱼吃小鱼的隐患。到了明代，盆养金鱼的方法更加盛行，文震亨在《长物志》中就说金鱼"最宜盆蓄"。张丑（原名张谦德）的《朱砂鱼谱》是第一部专门的金鱼谱录，分为上下两篇，上篇介绍了金鱼的形态、品种、遗传变异和选育，下篇记载了金鱼的生活习性、繁殖和饲养方法。

书中提到了数十种金鱼的品种，强调人工选择对于培育新品种的重要性，指出"蓄类贵广，而选择贵精。须每年夏间市取数千头，分数缸饲养，逐日去其不佳者，百存一二，并作两三缸蓄之，加意培养，自然奇品悉具。"也就是通过不同品种金鱼的混养杂交来获取新品种。明代的《三才图会》中提到金鱼也叫火鱼，并列举了多个不同品种。明代以后，缸养或盆养金鱼成为主流。从养鱼者的实践可以看出，缸养或盆养比起池养更有优势，容器较小，更加大众化，同时便于金鱼的饲养和选育，对于金鱼的品种增加起到了重要促进作用。

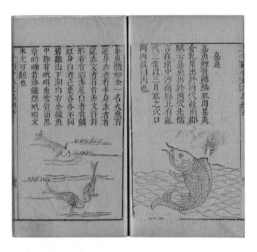

◎《三才图会》中的金鱼

　　清代陈淏子的《花镜》虽然是关于花卉的著作，却在附录中有一篇专门介绍养金鱼的方法。其中提到"园池惟以金鱼为尚"，并介绍了缸养金鱼、鱼病防治的方法和若干金鱼品种。句曲山农的《金鱼图谱》在金鱼配子部分提到"咬子时雄鱼须择佳品，与雌鱼色类大小相称"。这说明当时人们已经非常有意识地进行控制性选育了。虚谷和尚以画金鱼而闻名，他的多幅紫藤金鱼图均冠以"紫绶金章"之名，表现出自然与生命的勃勃生机。

◎《金鱼图谱》中的金鱼　　　　◎ 清代虚谷和尚《鱼嬉图》

　　经过上千年的选育，国人获得了数十种金鱼的变异品种。按照体色，有红、黑、白、花斑、五花等多种；按照尾鳍，有单尾、双尾、三尾等多种；按照头形，有正常狭头、宽头、狮头、鹅头等多种；按照眼睛，又可以分为正常小眼、龙睛、望天眼、水泡眼等多种；按照体形、鳞、鳃等不同标准，又可以分出若干类型。人们给各种金鱼起了各种有趣的名字，非常形象，比如草金鱼、蛋鱼、龙睛、朝天眼、紫鱼、狮头等。

◎ 金鱼

　　金鱼是中国的特产，很早就传到了国外。在 16 世纪初，金鱼及其饲养方法传到了日本，18 世纪传入朝鲜，17—18 世纪传入欧洲一些国家，19 世纪传入美国。19 世纪俄国著名作家普希金曾经写过一篇《渔夫和金鱼的故事》，说明在此之前，金鱼就已经传到了俄国。金鱼不但成为这些国家的人们赏玩的对象，也成为科学研究的对象。英国著名的生物学家达尔文在《动物和植物在家养下的变异》《人类的由来及性选择》等著作中就曾提到中国古代对金鱼的饲养和选育。

　　我国对于金鱼的饲养和选育有上千年的历史，从池养到盆养，从不加选育，到无意识选育，再到有意识人工选育，金鱼的品种越来越多，新品种产生的时间越来越短。不过，这些成就的取得主要是基于经验，缺乏系统的研究。一直到近代以来，中国本土的生物学家成长起来以后，才对金鱼的生物学尤其是遗传与变异机制进行了系统的科学研究。动物学家陈桢就曾经将金鱼作为实验材料，深入研究了其遗传和变异的原理，并将其研究成果写入了他编写的著名的《复兴高级中学教科书生物学》中，产生了深远的影响。

第三篇

生物技术篇

技术所要解决的问题往往是"做什么"或"怎么做"，其结果可能是发明创造的一些新东西或新方法。比如，古人发明了红茶、绿茶、乌龙茶等各种加工茶，通过不同的发酵技术造出了酒、酱油和醋，酒又有白酒、黄酒、葡萄酒等品种。我们的祖先在杂交育种、种桑养蚕、温室栽培、磨制豆腐、接种人痘等技术领域，也为世界做出了创造性贡献。

1. 石炉敲火试新茶——茶的栽培与加工

茶属于被子植物中的山茶科山茶属。在当今世界，茶是与咖啡、啤酒齐名的最受欢迎的饮料，是中国人对世界文明贡献的礼物。

茶树的栽培和加工起源于中国。从称谓上来说，古人也把茶叫作"荼"或"茗"。公元前1世纪的王褒在《僮约》中有"武都买荼，扬氏担荷"的句子，三国时期的吴国人陆玑在《毛诗草木鸟兽虫鱼疏》中说："蜀人作荼，吴人作茗。"有证据表明，四川等西南地区是我国历史上最早栽培茶叶的地方。但茶在长江中下游地区更为盛行，早在汉代就开始以茶代酒了。晋代的张华在《博物志》中说喝茶可以让人少眠，也就是说当时人们已经意识到了喝茶可以提神醒脑。到了唐代，湖北人陆羽撰写了著名的《茶经》，这是世界上第一部关于茶的专著，推动了饮茶的风气，当时茶铺、茶肆遍及各地，有些地方还要向朝廷进贡，这就产生了贡茶。在这种情况下，各地种茶的热情高涨，尤其是"江南百姓营生，多以种茶为业"，茶树变成了重要的经济作物。据宋代的地理书《太平寰宇记》，西南的四川、重庆、贵州，华南的广东、广西、福建，长江中游的湖北、江西、安徽，长江下游的江苏、浙江，还有淮河上游的河南信阳等地，都有茶树栽培和茶叶生产，而这些地区也是当今中国的茶叶主产区。明代李时珍在《本草纲目》中指出，茶苦而寒，最能降火。

◎ 陆羽《茶经》

茶树的繁殖有两种方式，一种是有性繁殖，也就是把茶籽种在土里，发芽生长成为茶苗，进而长成茶树；还有一种是无性繁殖，也就是从生长好的茶树上选取合适的枝条，通过扦插、压条、嫁接等形式，把茶树的营养器官培育成完整植株，这叫作营养繁殖。实际上，中国古代一直使用有性繁殖技术来种茶。直到19世纪才有福建安溪茶农发明了扦插技术，这一技术对于延续优良茶品种、提高茶叶产量都起到了重要作用。

关于茶树的栽培，古代的一些农书有不少记载。唐代的《四时纂要》详细记载了种茶的技术：二月下旬在树下或背阴面挖坑，混上粪土，每坑种六七十颗茶籽，覆土不超过一寸，旱了要用米泔浇灌，第二年可以浇小便稀粪蚕沙，如果在平地上种茶，要挖好排水沟防止水浸；三年后就可以收茶。茶籽熟了以后，要把茶籽混在湿土里并盖上草防冻，到第二年二月再种。宋子安的《试茶录》说"茶宜高山之阴而喜日阳之早"，李时珍在《本草纲目》中也说"茶畏水与日，最宜坡地阴处"，这都充分说明了古人对茶树喜阴的认识。

古人对于采茶的时机和注意事项也都很有讲究。陆羽在《茶经》中提到，如果采茶不合时机，又加工不精细，就会导致饮后成疾。唐宋时期，茶农会在早晨或阴天的时候采茶，对于不同发酵程度的茶叶，还

◎ 茶树

会采老嫩不同的茶叶进行分拣加工，这样同一品级的茶叶外形也比较整齐。

　　加工过的茶叶可以分为很多类，如绿茶、红茶、乌龙茶、黑茶、白茶、黄茶、花茶等，这些说起来都是将茶树的叶子做不同的加工处理得到的。其中，绿茶、黄茶、白茶的名称在历史上出现得比较早，红茶则要到明代，乌龙茶出现更晚。陆羽引用《广雅》的说法介绍了茶叶加工的技术："荆巴间采叶作饼，叶老者饼成，以米膏出之，欲煮茗饮，先炙令赤色，捣入瓷器中，以汤浇覆之，用葱、姜、橘子芼之，其饮醒酒，令人不眠。"唐代发明了蒸青法，也就是把茶叶的鲜叶用蒸汽杀青，然后捣碎、制饼、穿孔、烘干，这样可以消除茶饼的青臭气味，还便于贮藏和运输。从宋代到元代，茶叶的加工技术进一步简化，从蒸青饼茶和团茶改为蒸青散茶，元末明初又发明了炒青绿茶，明代以后，花茶和红茶的技术相继问世。明代诗人魏时敏有"待到春风二三月，石炉敲火试新茶"的诗句，反映了当时在石炉中炒制新茶的过程。

再来简单介绍一下绿茶和红茶的区别。绿茶是不发酵的茶叶，在茶叶加工过程中，通过前述杀青过程破坏茶叶中的酶类，防止发酵，保持原来的色泽。而红茶是发酵茶，通过酶类还有微生物和氧化的作用，让茶叶发生化学反应，去掉青草味。

早在南北朝时期，茶就传入了朝鲜半岛，唐代经佛教徒传到日本，后来传到阿拉伯地区。一直到了明代，东南沿海地区的外国商船才把中国茶叶运到西方，其中荷兰是当时最大的贩运国。清朝中期，英国人把茶树和茶种带到印度和西方，经过若干年以后，实现了成功引种。鸦片战争以后，英国的东印度公司又来中国学到了茶树栽培和加工的技术，荷兰等国纷纷效仿，结果他们的殖民地印度、斯里兰卡和印尼等地的茶叶出口量超过了中国。茶叶在西方非常受欢迎，在 18 世纪的时候，英国就已经成为欧洲嗜饮茶的国家。

除了供人们饮用的茶，与茶同属山茶属的植物还有一大类是供人观赏的茶花，它又叫山茶花，名列"中国十大名花"之中。茶花的种类很多，有单瓣的，也有重瓣的。至于颜色就更多了，红的、黄的、白的、粉的，还有一株树上开多种颜色的。比如有一种叫作"十八学士"的，同一株就可以开出粉红、红色、白色、白底红条、红底白条等多种颜色的花，是茶花中的珍品。观赏的山茶属于山茶亚属山茶种，它们的叶子并不能被加工成茶叶饮用。饮用的茶属于茶亚属茶种，树干比山茶的要高，花一般是白色的，开花的时间一般在秋冬季节，而不是在冬春季节。茶树的花较小，颜色淡雅，却比较单一，极少被作为观赏花卉。实际上，考虑到花的生长需要跟叶子抢夺营养物质，茶农往往会采取措施，抑制茶树开花。

◎ 茶花

　　现实生活中，人们已经将茶的概念扩大了，饮用的茶未必都是茶树的叶子加工成的。比如菊花茶、桂花茶等花茶，其主要原料分别是菊花和桂花。明清时期泰山附近的人们，将青桐的芽作为饮料，并称为"女儿茶"。还有的则是将植物的果实冲饮为茶的，比如罗汉果茶、柠檬茶等。至于宁夏、青海地区的八宝盖碗茶，内容更加丰富，除了山茶科植物的茶叶，还有桂圆、红枣、枸杞、冰糖、菊花等。除此之外，中药里面也有一些以茶为名的，成分则是药物。

2. 丝路之源蚕与桑——古代种桑养蚕技术

丝绸之路是沟通古代中国与世界贸易和文化往来的通道，这条道路虽然也把中国的茶叶、瓷器和其他物产输送到世界各地，但却以丝绸得名，足见中国古代的丝绸在世界上的影响力。中国是种桑养蚕的发源地，丝绸技艺是中国古代劳动人民智慧的创造。

桑树属于双子叶植物中的荨麻目桑科，既有灌木，也有高达十余米的乔木。叶子很大，长卵形，是蚕的食物。桑树是雌雄异株的，也就是有的桑树只开雄花，有的桑树只开雌花，桑树的花属于柔荑花序，是由一串单性花形成的麦穗一样的花序。

◎ 桑树

提到桑树，不得不提很多人都爱吃的桑葚。桑葚又写作"桑椹"，是雌株的桑树上结的果实，有的地方叫它桑果或桑枣。在北方，大概5月份开始成熟，南方成熟时间稍早。桑葚是聚花果，密密麻麻地挤在一起，虽然看上去像一只只毛毛

◎ 桑葚

虫，却水分充足、酸甜可口，非常讨人喜欢。尚未成熟的桑葚是淡绿色的，成熟以后的桑葚颜色不一样，常见的是紫红色的，也有白色的。

作为丝绸之路的源头，我国先民早在几千年前就开始植桑养蚕了。古人将"桑梓"作为故乡的代称，足见桑树对于中国古代传统社会的影响。相传，轩辕黄帝的妻子嫘祖最早开始养蚕。不过这只是一个传说。但在甲骨文中就已经出现了桑、蚕、丝、帛等文字，说明在殷商时期，古人已经对桑蚕丝织比较熟悉了。

周代设立的官职中，有专门管理丝麻的"典妇功"，管理丝织品验收、储存和发放的"典丝"，还有负责丝帛染色的"染人"等。《诗经》中保存了大量有关桑蚕的诗句，生动地描绘了周代桑蚕业的发展景象。如《小雅·南山有台》中有"南山有桑，北山有杨"的诗句。《礼记·月令》中记载，到了三月份养蚕的时候，掌管田地山林的官员就下令禁止砍伐桑树，然后准备养蚕的用具。《礼记·祭义》提到，采了桑叶以后，要等桑叶上的露水干了再喂给蚕吃。1965年在四川省成都市百花潭出土了一件战国时期的水陆攻战纹铜壶，壶身分三层绘有精美的图案，其中第一层的一部分表现的即是女子采桑的情形。

汉代的字典《说文解字》对"蚕"的解释是"任丝也"，充分体现了蚕能吐丝的最主要特征。该书将"桑"解释为"蚕所食叶木"，也是说明

◎ 蚕

◎ 蚕蛾

蚕和桑的密切关系。北魏时期贾思勰在《齐民要术》第五卷中专门有一篇介绍蚕桑技术，包括如何栽种桑树和养蚕，对于蚕的生活史有详细记载，还提及桑葚在饥年"可以当食"。据《永嘉郡记》记载，早在4世纪的时候，永嘉地区（今浙江温州）的蚕农已经知道通过低温催青的技术使蚕一年多代孵化，从而提高产量。这说明古人对生物与环境的关系已经有所认识并能合理利用了。

唐代丝绸业非常发达，由于当时的对外贸易比较兴盛，丝绸也远销海外多个国家。唐代还出现了缂丝工艺，到了宋代逐渐成熟。宋代人已经掌握了选取种茧、种蛾和种卵的要领。北宋苏颂等编撰的《本草图经》提到桑葚有黑色、白色两种颜色。元代司农司编写了一部农学著作叫作《农桑辑要》，其中记载了大量种桑养蚕的生产技术。书中提到："桑种甚多，不可遍举，世所名者，荆与鲁也。荆桑多椹，鲁桑少椹。"在长期的农业生产实践中，劳动人民培育出了多种桑树，其中出名的有两种，即荆桑和鲁桑。荆桑叶子质量较差，产量较低，但是生出的桑葚较多；鲁桑叶子品质好，产量较高，但是生出的桑葚较少。关于蚕的生物学特征，这本书也有诸多记载。比如该书引述《士农必用》指出，蚕产卵的时候要求低温，但蚁蚕则需要温暖的环境，此后蚕在不同的发育阶段对温度的要求也不一样。古人可以根据需要调整蚕的生活环境，以利于农业生产。

◎ 蚕茧

明代徐光启所著《农政全书》专门有 4 卷介绍蚕桑技术，包括养蚕法、栽桑法、蚕事图谱、织纤图谱。明代多有灾荒，出现了多部救荒的著作，其中朱橚在《救荒本草》中不但说了桑葚食用的方法，还提到了拿桑葚泡酒的技术。明代学者黄省曾还著有《蚕经》一书，不但记载了当时所见桑树的主要品种及栽种技术，还详细描述了养蚕的流程和注意事项。

清代吴其濬所著《植物名实图考》是我国第一部以植物命名的植物学专著，收录了 1714 种植物，图文并茂，在中国科学史上占有重要地位。据该书记载，桑树当中小而条长者叫作女桑树，吴中的桑树矮而叶肥即是女桑。江北自生的桑树是檿（yǎn）桑，蚕丝劲黄的就来自檿桑。该书还提到，桑树的枝、根、白皮、皮中汁、霜后叶、桑葚等都可以入药。书中给出了一幅桑树的部分结构图。在四川省广元市皇泽寺，有一座完成于 1827 年的《蚕桑十二事图》碑，14 块石碑完整地描绘了清代植桑、养蚕、缫丝的生产流程。

除了桑蚕之外，我国古人还饲养了以柞树叶为食的柞蚕。柞蚕又被称为山蚕、野蚕，据考证山东半岛是放养柞蚕的发源地。到明代的时候，用柞蚕的丝制作丝绸已经是很常见的了。清代山东青州府益都县的孙廷铨编著了《山蚕说》一书，这是我国最早的一部介绍柞蚕及其相关技术

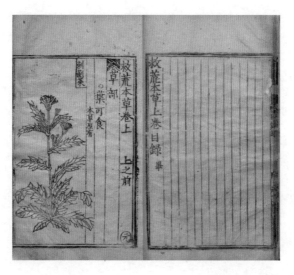

◎《救荒本草》

的专门著作。

　　植桑养蚕的农业技术，使得丝织业成为中国古代的特色产业，丝绸作为中国奉献给世界的礼物，早在 2000 多年前就开始行销海外。自从汉代张骞出使西域以来，东西贸易的通道逐渐顺畅，形成了举世闻名的丝绸之路。经过丝绸之路传播出去的，不仅是加工完成的丝绸，还有植桑、养蚕、缫丝的技术，因此世界各地的丝绸技术均发源于中国。当然，丝绸之路不仅促进了中西物产的流通，也推动了中西文化的交融。古代如此，今天依然如此！

3. "龙生龙" 与 "龙生九子各不同"
——古人对遗传和变异的认识与应用

生物的亲代和子代之间、同为子代的兄弟姐妹之间，既存在着相似点，也存在着差异，这就是生物界的遗传和变异现象。无论是动物、植物还是人类自身，无不表现出遗传和变异的现象。虽然说遗传和变异的科学原理直到 19 世纪以后才被人类所揭示，但人类在日常生产生活中对其却并不陌生。中国古代流传下来的谚语"龙生龙，凤生凤，老鼠生来会打洞""龙生九子各不同""种瓜得瓜，种豆得豆"等就是对遗传变异现象的生动描述。

中国古代并没有科学意义上"种"的概念，但在朴素的认识中，古人已经注意到同种生物繁衍的遗传特性。比如《吕氏春秋》中有"夫种麦而得麦，种稷而得稷，人不怪也"的论述，说明人们对于同种生物的繁衍已经很熟悉了，不会认为这是很神奇的事情。汉代的王充在《论衡》中讨论得更加深刻，他说"万物生于土，各似本种""物生自类本种"。不仅如此，王充还注意到后代的产生需要同种亲本（同一种类的雌雄）的交配才能实现，如果是不同种的生物，则不能交配产生后代，因此"若夫牡马见牝（pìn）牛，雌雀见雄鸡，不相与合者，异类故也"。关于遗传的控制机理，古人没有给出详细的科学说明，但却认识到植物种子的关键作用。汉代的王充、明代的叶子奇、清代的戴震等都表达了相似的观点。叶子奇认为："草木一核之微，而色香臭味，花实枝叶，无不具于一仁之中。及其再生，一一相肖。"

不仅是对于遗传现象，对于变异现象，古人也有从经验到理性的认

荔枝譜七篇

第一

莆陽蔡襄述

荔枝之於天下唯閩粵南粤巴蜀有之漢初南粤王尉佗以之備方物於是始通中國司馬相如賦上林云答遝離支蓋夸言之無有是也東京交阯七郡貢生荔枝十里一置五里一堠晝夜奔騰有毒虫猛獸之害臨武長唐羌上書言狀和帝詔太官省之魏文帝有西域蒲桃之比世譏其繆論豈當時南北斷隔所擬出於傳聞耶唐天寶中妃子尤愛嗜涪州歲命驛致時之詞人多所稱詠張九齡賦之以託意白居易刺忠州既形於詩又圖而序之雛髮髳顏色而甘

◎《荔枝谱》

识。比如王充曾经提到白雉和常雉是同一个种，只是发生变异的结果："白雉，雉生而白色耳，非有白雉之种也。"宋代蔡襄在《荔枝谱》中明确指出"荔枝以甘为味，虽百千树莫有同者"，说明荔枝的性状变异是很常见的。关于变异产生的原因，我们现在知道跟遗传的分子基础和周围环境都有关系，古人虽不能彻底明白，但对环境的影响作用早就注意到了。《晏子春秋》中那句世人耳熟能详的"橘生淮南则为橘，生于淮北则为枳"就是古人认为环境引起变异的典型思想。生物变异的性状，有些是能够遗传的，但有些是不会遗传的，古人对此也有所认识。以北宋时期记载的牡丹变异为例，《洛阳牡丹记》中有从开紫花的牡丹枝条中开出绯红牡丹的变异，《陈州牡丹记》中则有被称为"缕金黄"的变异"不可为常"的记载，这两则分别是可遗传变异和不可遗传变异的典型案例。

古人对生物遗传和变异现象的认识主要来自生产和生活实践，反过来，古人又将关于生物遗传变异的知识应用到生产和生活中。

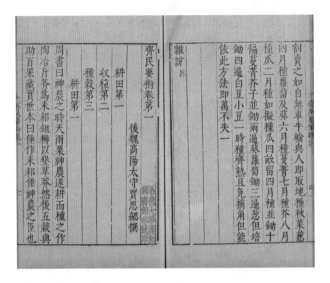

◎《齐民要术》

一是粮食作物的选种育种。古代中国是以农业立国的，粮食作物的选种育种在农业生产中占有重要地位。如贾思勰在《齐民要术》中记载了当时选种的意义和要求："粟、黍、穄、粱、秫，常岁岁别收，选好穗纯色者，剪、刈，高悬之。至春治取别种，以拟明年种子。"他认为选种不仅要选好种，而且要单独种在种子田里，以保证下一年度种子的质量。在粮食作物育种方面，古人发明并应用了单株选择法，也就是将具有优良性状的单株植物繁殖开来，使得优良性状得以扩大。据记载，清代康熙皇帝在田间"忽见一棵高出众稻之上"的水稻植株，便将它的种子单独收获保存，第二年继续种植，最终选育推广成功，米质优异，味道清香，黏而不糯，被称为"御稻"。

二是优良家畜的选育。古人有"六畜"的说法，一般来说指的是猪、牛、羊、马、鸡、狗。马在家畜中占有特殊地位，不但用于骑行的工具，还广泛用于军事、狩猎、娱乐等活动中。汉武帝时就曾经从西域引进大量汗血马，通过杂交改良内地马种。中国的猪对于欧洲猪的改良也起到了重要作用。比如，著名的大约克夏猪就是用中国的华南猪与英国约克夏本地猪杂交培育而成。考古研究表明，狗是由中国人最早驯化来的，而且中国有悠久的养狗历史，后来狗的品种越来越多，也是得益于人类有意识的选育。

三是休闲用的花卉和动物选育。古代文人墨客多有养花种草的爱好，像牡丹、菊花等都是常见的观赏植物，其品种之繁多，令人眼花缭乱。这么多的品种，靠的就是从变异的植株中不断选育。如野生牡丹经过人工栽培和选择，花瓣和花色都发生了明显变异，形成了大量新品种。周叙在《洛阳牡丹记》中提到多瓣的牡丹是由单瓣牡丹经过不断选育而产生的。花色的变异除了人工选择外，还有人通过药物去实现，不过这是不能遗传的变异。除了花卉，还有狗、金鱼等动

◎《朱砂鱼谱》

物受到古人的宠爱。金鱼颇受文人喜爱，就有人花费很大精力选育良种。张谦德在《朱砂鱼谱》中提到金鱼的选育方法："须每年夏间市取数千头，分数缸饲养，逐日去其不佳者，百存一二，并作两三缸蓄之，加意培养，自然奇品悉具"，这是典型的混合选择法。《金鱼图谱》中也提到，金鱼的选育要考虑人们对其性状的需求。

在长期的生产生活实践中，古人也注意到，性状差别较大的生物交配产下的后代，有的时候会出现更加优良的性状，特别是在不同物种之间发生的杂种优势。

我们熟知的骡就是马和驴杂交的结果，在《齐民要术》中有明确记载："以马覆驴所生骡者，形容壮大，弥复胜马。"这里还有一个骡子的父亲是驴还是马的问题。《说文解字》中说得明白："骡，驴父马母"，"驮騠（jué tí），马父驴子也"。前者意思是说由公驴与母马交配生出的后代一般称为马骡，后者是说由公马与母驴交配生出的后代一般称为驴骡。古人很早就意识到了骡的后代不育性，如《齐民要术》就指出了"草骡不产，产无不死"（骡子不能生育后代，即使个别骡子怀孕生下后代也不能成活）。受限于中国古代科技水平的发展，古人并不清楚骡子不育的本质原因。

◎ 马

◎ 驴

◎ 骡

家蚕的选育也是杂种优势的集中体现。据《天工开物》记载，人们注意到家蚕吐丝有黄色、白色两种，如果让其杂交，则可以吐出褐色的丝；家蚕还有早种蚕和晚种蚕，让雄性早种蚕与雌性晚种蚕杂交，也就是让雄性的一化性蚕与雌性的二化性蚕杂交，产生的后代与雌性性状相近，也是二化性蚕。这样杂交的好处是，早种蚕的蚕茧数量和质量优势、晚种蚕的体质健壮耐高温优势，在后代中得到结合，有利于农业生产。

◎《天工开物》

我国藏族先民曾经让牦牛与黄牛杂交从而产生犏（piān）牛。犏牛性格温驯，在产乳量、役使能力、环境适应性等方面胜过亲本。这种杂交的牛早先只是在藏民生活区，到了唐代以后才出现在中原地区。清代张宗法曾在《三农记》中说明犏牛的优良之处。

总的来看，中国古人对于生物遗传和变异的认识，基本上停留在经验层面，但却在此基础上取得了显著成就，促进了农业生产生活的发展。而现代遗传学是伴随着中国近代社会的大变革、在西学东渐的大背景下传入的，特别是当达尔文的进化论传入中国以后，遗传学作为实现优胜劣汰、适者生存的途径而被广泛介绍。现代遗传学在中国的发展是从向西方学习开始的，中国本土的遗传学研究一直到20世纪20年代以后才逐渐起步。

4. 人痘接种术

一部人类发展史，也是一部人类与疾病的抗争史。迄今为止，人类真正战胜的致命病毒，或许只有天花病毒了。然而，这个胜利来得却并不轻松，其中也决不能绕开中国人的贡献。

天花是一种由天花病毒引起的烈性传染病，患病者常有生命危险，即便幸存下来，脸上、身上也会留下痘疤（俗称"麻子"）。中国古代对于天花的称呼有很多，如"痘疹""痘疮""天疮""百岁疮""虏疮"等。虽然在古代很长的时间内，天花一直困扰着中国人，但说来天花并非中国本土本来就有的。在《黄帝内经》《说文解字》等经典中都没有相关记录。根据文献记载，天花很可能是从印度传入中国，到汉代以后从南方传到中原的。东晋时期的医药学家葛洪最早记载了天花的症状，并初步提出了预防和治疗。到了唐宋以后，历代古籍对于天花的记载才增多起来，说明此后天花的流行变得经常起来。

天花对中国古代社会和古人的生活都产生了重大影响。例如，据《福建通志》记载，嘉靖元年（1522年），福宁痘疹大作，患者千人，第二年仍然如此；《韶州府志》记载，康熙十一年（1672年）痘疫城内，尤甚儿童，死者以千计；《郧阳府志》记载，康熙四十九年（1710年）房县痘疹大作，夭殇（死亡）成千上万人。天花如此频繁地影响古人的生活，以至于有了"生了孩子只一半，出了天花才算全"的说法。

中国人对天花认识逐渐深刻的标志，一是在文献中有了越来越多的记载，特别是出现了大量的专科医药图书，比如《痘治理辨》《痘疹心要》《痘科金镜赋集解》《痘疹心法要诀》《小儿痘疹方论》《痘疹世医心法》等，而且在一些综合性医药图书中也有了专门的章节，如《太平圣惠方》《圣济总录》都有单独的两卷记载天花治疗之法；二是出现了一批专门从事痘科诊治和人痘接种的医护人员，叫作痘师或痘医。

对于人感染过天花病毒后会产生免疫力，不会二次感染天花这件事，古人很早就注意到了，因此有人才会主动去感染天花，但同时也知道此举存在风险。人痘接种术由此产生。这一技术最初是在什么时候、什么地方发明的，至今尚无从考证。据说，印度早在1世纪就有此类技术，基本方法是：割伤健康人的手臂，以浸有天花病毒浓汁的棉花包裹。在中国古代，人痘接种术早先只是在民间流传，到了后期才见诸医书。唐朝的医药学家孙思邈在《千金方》中也有割破儿童皮肤接种的记载。明末清初的张琰著有《种痘新书》，记载种痘的成功率很高。清初俞茂鲲在《痘科金镜赋集解》中说种痘之法源自明朝隆庆年间宁国府的太平县，并将种痘称为"种花"。清代以后，种痘越发普及，除了民间之外，也有政府组织的种痘活动。清康熙皇帝曾经专门征招痘医进宫种痘，又委派医生到边疆地区种痘，都获得了成功。清代医家徐大椿认为种痘的失败率只有1%，其原因是痘苗的问题。

为什么种痘能让人获得免疫能力呢？这就要说说我们身体里的免疫系统了。人体的免疫系统就像是身体里的一支保护人体健康的军队。一旦病毒入侵，它们就会对致病的病毒发起攻击，直到把入侵者消灭，人就不会生病了。种痘是让人感染上经过几代致病力弱化的病毒，使人体的免疫系统识别出病毒，产生抗体，提高了与病毒作战的能力，免疫系统记住了病毒的模样，人就有了免疫

◎《医宗全鉴》

能力，只要病毒入侵，人体免疫系统就会把它们聚歼。

中国古代的人痘接种术具体又可以分为多种操作方法。据清朝吴谦的《医宗金鉴》记载，主要有以下 4 种：一是痘衣法，就是将天花患者的内衣给接种者穿上，从而引发感染，这种方法感染成功率较低；二是痘浆法，将天花患者的痘疮挤破，然后用棉花蘸取痘浆，再把棉花塞入接种者的鼻孔，这种方法使用的是活病毒，接种者患病的风险较大；三是旱苗法，将天花患者的干痘痂研成粉末，然后用银管吹入患者的鼻孔；四是水苗法，将天花患者的干痘痂研成粉末，用水调匀，再用棉花蘸取，塞入接种者鼻孔。吴谦评价这 4 种方法说："水苗为上，旱苗次之，痘衣多不应验，痘浆太涉残忍。"因此，痘衣法和痘浆法很早就被摈弃了，应用较多的是旱苗法和水苗法。清代郑望颐在《种痘方》中指出："关于种法，全在乎好苗。"他们把直接出自天花患者痘痂的痘苗叫作"时苗"，认为其毒性较大并不可用。俞茂鲲也指出，痘苗传递次数越多越安全。到了清中期，已经形成安徽太平、江苏溧阳、北京、浙江湖州等多个种痘中心。种痘中心积累了成熟的养苗技术，将天花患者的痘痂保存下来，反复传代培养 7 次以上成为"熟苗"，这种经过传代减毒方法获得的痘苗毒力非常小，安全性得到了一定保障。

中国发明的人痘接种术曾经传到多个国家。清康熙二十七年（1688年），人痘接种术传至俄国和土耳其相邻的高加索地区。次年，俄国派医生来中国学习种痘术。此后，这一技术通过俄国传到了土耳其、突尼斯及非洲部分地区。1717 年，英国驻君士坦丁堡的公使蒙塔古的夫人让她的儿子种痘，并将这种技术介绍到了英国，获得英国国王的认可。到了18 世纪初，美国也开始推行人痘接种术，华盛顿和富兰克林都曾提倡和推行接种人痘。法国启蒙思想家伏尔泰在《哲学通信》中说，人痘接种术是全世界最聪明、最讲礼貌民族的伟大先例和榜样。

从 18 世纪的记载可以了解到，西方当时使用的人痘接种法与中国后来使用的旱苗法和水苗法均不同，他们蘸取天花患者的痘浆，然后划破健康儿童的皮肤进行接种，这种皮肤接种法存在较大的危险性，因而遭到了一部分人的抵制，影响了人痘接种术的传播。

除了西传，中国的人痘接种术也传给了近邻。乾隆年间，杭州人李仁山到达日本，将人痘接种术传给日本人。后来，吴谦的《医宗金鉴》传到日本，使得人痘接种术在日本更加普及。大概在 1800 年，人痘接种术传到了朝鲜。

英国医生詹纳在 1796 年试种牛痘成功，1801 年发表《论牛痘接种法的起源》，此后，牛痘接种法开始在英国普及开来，逐渐推广到欧洲其他国家，也很快传到了中国。1805 年，葡萄牙医生梅维特将刚接种牛痘的儿童带到澳门，又由英国东印度公司船医皮尔逊带到广州。时值天花在广州流行，皮尔逊又出资给中国穷人接种，由此获得成功。皮尔逊还口授出版了《英吉利国新出种痘奇书》，其中包括 4 幅图解和名为《新订种痘奇法详悉》的正文。跟随皮尔逊的中国人也学会了种牛痘的技术，其中比较著名的邱熺著有《引痘略》一书，以中医理论对牛痘接种做出了一些解释，对牛痘接种术的传播起到了重要作用。从 19 世纪 20 年代开始，牛痘接种逐渐传播到内地各省。同时，皮尔逊和邱熺的著作传到了朝鲜和日本，这些国家也开始种牛痘了。

虽然中国人从 19 世纪初开始种牛痘，但种人痘并没有由此停止，二者并行了很长时间，一直到 1949 年人痘接种才被叫停。中国最后一例天花病例于 1960 年治愈，此后没有新发病例。1980 年 5 月 8 日，世界卫生组织宣布在全球范围内消灭了天花。

5. 冬葵温韭——古人怎么吃到反季节蔬菜

记得在 20 世纪八九十年代，北方人一到冬天有储存大白菜的习惯。北方农民一般在 8 月份播种白菜，到 10 月份以后白菜逐渐成熟。比如山东一般在小雪节气集中收获大白菜，再晚就要冻坏了。到了东北，还有把大白菜腌制成酸菜的习惯，天寒地冻吃着热乎乎的猪肉酸菜馅饺子，也是很惬意的生活了。

以前北方人冬天储存大白菜，很重要的原因在于冬天蔬菜的缺乏，可以供给的蔬菜品种太少了。中国大部分地区的蔬菜还是在其他三个季节生产的，尤其是夏秋季节更加丰富。随着温室大棚技术的发展和交通运输业的发达，现在我们冬天吃到品种多样的新鲜蔬菜已经不是难事了。那问题就来了：古人到了冬天怎么解决吃菜问题呢？

◎ 大白菜

其实，中国古代很早就有反季节蔬菜了。春秋时期的《论语·乡党》中有"不时不食"的说法，意思是说孔子认为不合时令的东西是不能吃的，由此可以推测当时人们也能吃到并非当季的食品。到了汉代，则对于温室技术有了确切记载。汉代著作曾记载，秦始皇曾令人冬天在骊山坑谷温暖的地方种瓜。《汉书·循吏传》提到给皇家种菜的太官园曾"种冬生葱韭菜茹，覆以屋庑，昼夜燃蕴火，待温气乃生"，说明在汉元帝的时候，皇家内苑之中在冬天靠昼夜生火提高室内温度来种菜。不过，这种行为被大臣召信臣所反对，认为这是"不时之物"，且非常费钱。西汉桓宽在《盐铁论》中提及有些富人连"春鹅秋雏，冬葵温韭"都吃，指出他们生活奢靡。之所以这么说，是因为冬葵（一种在我国西南及河北、甘肃、江西、湖北、湖南种植的蔬菜，也可做中草药）和韭菜都不是在冬天自然成熟的蔬菜，富人能够吃到这种蔬菜肯定来自温室。据考证，早在先秦时期，人们就已经通过温室技术实现冬天吃韭菜了。

到了唐代，温室技术有了巨大飞跃，即便是普通百姓也有机会吃到反季节蔬菜。《资治通鉴》记载唐太宗经过易州（今河北易县）时，易州司马陈元寿曾向太宗进献反季节蔬菜，这是他组织当地人在避风的窝棚里生火种植得来的。不过此举却弄巧成拙，太宗对其谄媚表示反感并免掉了他的职务。唐朝诗人王建在《宫前早春》中说道："酒幔高楼一百家，宫前杨柳寺前花。内园分得温汤水，二月中旬已进瓜。"意思是说二月中旬的时候已经可以吃到瓜菜了，倘若只有温泉的温汤水显然是不够的，要有温室才能满足植物生长的条件。

明清之时，温室技术得到进一步普及。明末杨士聪所著《玉堂荟记》提到："京师花卉瓜果之属，皆穴地温火而种植其上，不时浇灌，无弗茂盛结实。故隆冬之际，一切蔬果皆有之。"明清的温室大致可以分为三类。第一类是简易地窖式温室，依靠地窖自身的保温性能和马粪发酵散发的热量，没有加温措施，这样生产的蔬菜比较廉价。第二类则是在第一类基础上烧火加温。第三类温室则是建在地面上，东北西三面有土墙挡风，南面则是油漆纸窗，除了人工加温，还可以利用太阳能，这已经与现代的温室相差无几了。

其实，古人不但将温室技术用于栽培蔬菜，还用来培育花卉。南宋时期，都城临安附近的花卉种植地东西马塍（chéng）的花农发明了促进花卉栽培的技术，叫作唐花术（又称堂花术）。词人周密在其笔记《齐东野语》中对这一技术做了详细描述。他记载道，花农"以纸饰密室，凿地作坎"，形成一个半地窖式的温室，在其中栽种花卉，施肥之外，"置沸汤于坎中"，利用热水的蒸汽和日暖一起，促进花卉早开，"若牡丹、梅、桃之类，无不然"。这样就实现了花卉的反季节培育。周密称赞这种按照人类需要改造地形，建造半地窖式的温室，人工创造适合果蔬和花卉生长的小气候，突破季节限制和地域限制的技术创造了"侔造化，通仙灵"的奇迹。元明清时期，对于唐花术也多有记载。明代描绘北京风景名胜和风土人情的《帝京景物略》提到，当时右安门外南十里的草桥是著名的唐花之乡。清乾隆时期来华的法国传教士韩国英所绘的《花儿窖子》图册，反映了清代宫廷的温室栽培技术。

◎《帝京景物略》　　◎《花儿窖子》

在汉代，温室技术以及由此生产的反季节蔬菜主要是提供给达官贵人的，这是因为当时的技术还不是很成熟，花费也就比较高。唐宋以后，温室技术逐渐发达，技术的创新也降低了成本，使得普通百姓也有机会体验到反季节蔬菜和花卉，但普及程度还是比较低的。到了明清之际，特别是现代，温室技术已经非常成熟了，老百姓的菜篮子终于有了保障，不愁在寒冷的冬季吃不到新鲜的反季节蔬菜了。

6.兰陵美酒郁金香
——中国古代酿酒发酵技术

中国有着悠久的酒文化，全国各个地方都有历史名酒。家喻户晓的那位斗酒诗百篇的诗仙李白，就曾经留下了千古名句："兰陵美酒郁金香，玉碗盛来琥珀光。但使主人能醉客，不知何处是他乡。"这让山东的兰陵美酒享誉海内外。不过，中国的酒文化比李白生活的唐代还要早几千年，这得益于古代先民发明的酿酒发酵技术。

酒是由谷物或果类经由酵母菌发酵而产生的，其核心成分是酒精，化学名为乙醇。虽然粮食和水果中不会自主产生酵母菌，但酵母菌这种真菌在自然界是广泛存在的。粮食中的淀粉经过发酵会分解为麦芽糖或葡萄糖，而很多水果中本来就含有葡萄糖，再经过酵母菌的发酵作用，就产生了酒精。这一过程是可以自然发生的，人类就在无意之间邂逅了这种神奇的饮料。经过长期的观察和实践，加上农业的发展，人类终于学会了酿酒。

如果要追溯我国最早的酿酒历史，这恐怕是非常困难的，因为早期历史缺少文字记载，而考古实物发掘又不断在刷新人们的认知。就目前所了解，早在9000多年前，位于今天河南舞阳县的贾湖人就可能已经会酿酒了。

酿酒的关键在于发酵技术。谷物并不能直接被酵母菌分解，这就需要人为将谷物发酵，从而产生麦芽糖或葡萄糖，进而再被分解为酒精，也就是说，从谷物到酒精要经过糖化和酒化两个过程。古人也想到要人工获得能让粮食糖化的生物，这就是酒曲。《尚书》中有"若作酒醴，尔惟曲蘖（niè）"的句子，意思是说酿酒一定要有酒曲。酒曲就是用谷物淀粉作为原料，采用固定培养的方法获得的霉菌。蘖是植物种子萌发的芽，如麦和稻的蘖都可以用来酿酒。醴一般是指甜酒，也就是说在很长时间内，古人酿制的是比较可口的甜酒。《礼记》中说，酿酒的时候"曲蘖必时"，也就是说一定要掌握发酵的时间，这说明在周朝的时候酿酒的技术已经比较成熟了。

到了西汉时期，酿酒技术得到进一步发展，代表性成就是以曲代蘖，也就是不需要用霉变发芽的谷物，直接用酒曲发酵，酿酒的谷物种类扩大了，酒的度数也提高了。晋代的时候，出现了曲中加入中草药的"草曲"。在南北朝时期，农学家贾思勰撰写了著名的农书《齐民要术》，系统总结了当时的制曲和酿酒技术。该书根据发酵力将曲分为神曲、白醪（láo）曲和笨曲，其差异在于菌种培养的时间和环境不同。据其记载，在制曲过程中，要经历密闭培养微生物、中间散热促进微生物成长、保温密封、曝晒干燥等步骤。古人主要是通过观察曲的生长形态来判断其质量的，"曲内干燥，五色衣成"，说明制曲符合标准。这里的"五色衣"指的是经过培养的真菌和细菌的菌落杂处的一种状态。曲制好以后才能酿酒。酿酒的时候，要注意将谷物淘洗干净，而且用水很有讲究，最好是河水；酿酒的时间最好是冬季，如果是春天暖和以后，则要将水多次煮沸后再用，这其实是考虑了微生物的生长条件。《齐民要术》对于酿酒过程中谷物的投入时间和投入量、温度的控制等都有比较详细的介绍。

宋代的酿酒技术在《北山酒经》中有比较详细的记载。该书将曲分为 13 种，每种都加入了草药。该书介绍说当时制作"香桂曲""金波曲"时用到了蛇麻，就是野酒花。中国古人是将其作为草药使用的，而西方人则将其用于酿造啤酒。以宋代为历史背景的白蛇传故事，有白娘子与许仙在端午节饮雄黄酒导致白娘子现出原形的桥段，历史上在我国不少地方也有端午节饮用雄黄酒的习俗。古人将雄黄这种矿物中药加入酒中，希望能够起到杀虫和解毒的作用。然而，雄黄的主要成分是有毒的硫化砷，稍一不慎就会引发中毒。因此，现在很多地方已经禁止了这种习俗。宋代制曲技术中使用了曲母接种，是酿酒技术的一大革新，《北山酒经》中就有"以旧曲末逐个为衣"的记载，也就是将上一次制曲留下的好的酒曲制成粉末，在新的曲饼上接种繁殖，达到代代优化的效果。宋代还发展了将根霉和米曲霉混合发酵的技术。

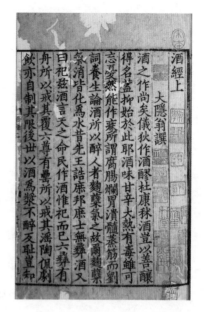

◎《北山酒经》

靠酒曲发酵酿酒的技术日趋成熟，但这样酿制的酒并非后来的蒸馏酒，所以酒的度数也不会太高。《水浒传》中武松景阳冈打虎的故事对很多人来说可谓耳熟能详。武松在景阳冈连喝 18 碗酒还没有醉倒；后来武松去打蒋门神，也是一路喝酒过去的，也没有因为贪杯误事。其原因就在于，当时的宋代尚未发展出成熟的蒸馏技术，酒的度数自然不高。到了元朝以后，蒸馏的设备和技术都成熟了，这是酿酒技术的又一次飞跃，高度白酒开始普及。

白酒之外，黄酒的酿造技术，也是我国古人的独创。黄酒是世界上古老的酒类之一。早在 3000 多年前商周时代，中国人就开始用糯米酿造黄酒。酿造黄酒的关键在于将温度控制在对淀粉酶和酵母菌都有利的条件下，同时进行催化，中间对温度进行微调，让糖化和酒化交替进行。《北山酒经》中就有不少关于黄酒酿造技术的记载。

到了明代，在中医药和工程技术类的著作中，对酿酒相关技术做了进一步总结。比如李时珍的《本草纲目》在谷部安排了"酿造类"。李时珍按照造酿原料，将酒分为秫、黍、粳、糯、粟、曲、蜜、葡萄等酒类，按照加入的药物，分为紫酒、姜酒、桑椹酒、葱豉酒、葡萄酒、蜜酒等。他总结说，酒的酿制包括曲酿和非曲酿两种，像葡萄酒就是不需要用曲的。《本草纲目》还注意到了酿酒的道地性，也就是说在不同的地区，由于使用的谷物或水等原料不同，加上酿造的技术差异，导致各地出产的酒品质不同。该书还有对药酒酿造及其功效的专门论述。宋应星的《天工开物》可以说是关于当时工程技术的一部百科全书，其中有专门的"曲蘖"章节，详细记载了红曲的制曲技术。红曲是酿造黄酒的特殊菌种，其生产技术非常复杂，这是中国古人的又一创造性发明。

除了用谷物酿酒，汉代以后古人还发展了用葡萄酿酒，是一种区别于用曲的酿造技术。葡萄本非中国原产的水果，是通西域以后传入中原的，葡萄酒也就并非普通百姓所能常饮。唐代诗人王翰在《凉州词》中写道："葡萄美酒夜光杯，欲饮琵琶马上催。醉卧沙场君莫笑，古来征战几人回。"遗憾的是，葡萄酒等水果酒在中国古代历史上并没有得到大规模发展，影响比较小。

7. 磨砻流玉乳，蒸煮结清泉
——中国古代的豆腐加工技术

豆腐是国人餐桌上一道常见的菜品，可很多人却不知道，豆腐起源于中国。

豆腐是由大豆加工而成的，而大豆也是原产于中国的，在古代的"五谷"中就有大豆的地位，只是当时的名字叫作"菽"，因此在古代也有人把豆腐叫作"菽乳"的。"豆"这个字最开始指的是一种容器，形似高脚盘，一般是有盖子的，陶质或木质，青铜的豆也有不少出土，用来盛放肉类等食物。直到战国时期，"豆"才开始用来指称豆类的植物。对于在本土广泛栽培的豆类，古人对其进行了各式加工，远不止煮食，其中豆腐就是中国古人的一大发明。

◎ 豆腐

豆腐到底起源于何时何地？至今尚未有定论。流传较广、接受度较高的说法是，西汉时期淮南王刘安发明了豆腐，宋代的朱熹、明代的李时珍都持这种看法。尽管没有确切的文献记载，但在河南打虎亭汉墓画像中，可以找到加工豆腐的证据。

◎ 河南打虎亭汉墓画像对豆腐加工的描绘

从汉墓的图像可以看出，汉代制作豆腐主要包括以下几个过程。一是浸豆，即将大豆浸泡在水中一段时间，这有利于后面大豆破碎时将其中的蛋白质充分提取出来，一般浸泡的时间为 5 至 7 小时。二是磨豆，将浸泡好的大豆沥干水，然后放在石磨上研磨，研磨过程中要一直加水。三是滤浆，一般是用土布将豆渣滤掉，留下豆浆。四是煮浆，将过滤好的豆浆煮沸，其中的蛋白质会变性，同时大豆中的胰蛋白酶抑制剂、皂角素等有害物质被破坏。五是点浆，一边搅拌一边加凝固剂，点浆要注意凝固剂的剂量，也要注意温度，然后加盖保温，沉淀半小时左右。六是成型，用布将前面沉淀好的豆腐脑包好，放入豆腐箱中镇压出多余的水分，形成具有一定含水量、弹性和韧性恰到好处的豆腐。元代著名女诗人郑允端曾作诗赞美豆腐，其中把豆腐的制作技术也进行了高度概括："种豆南山下，霜风老荚鲜。磨砻流玉乳，蒸煮结清泉。色比土酥净，香逾石髓坚。味之有余美，五食勿与传。"

古人制作豆腐的原料，主要是大豆，但也有人混入绿豆、豌豆等其他豆类。李时珍在《本草纲目》中就说："凡黑豆、黄豆及白豆、泥豆、豌豆、绿豆之类，皆可为之。"其实，绿豆、豌豆之类比大豆的蛋白质含量要低不少。关于做豆腐的凝固剂，很多人都会想到"卤水点豆腐"。这里的"卤水"指的是盐卤，主要成分是含有氯化镁和氯化钙的饱和氯化钠溶液。另一种常见凝固

◎ 大豆

剂是石膏水，主要成分是硫酸钙溶液。在元明时期，还有以山矾叶、酸浆、醋点豆腐的记载。

根据史料考证可知，豆腐的原产地在今天的安徽、河南、山东这

◎ 绿豆

一三角区域，此后影响逐渐扩大。到了宋代，豆腐在华东地区已经非常普遍了。北宋熙宁八年（1075年），淮西地区闹饥荒，政府曾经烧豆腐赈灾，这说明当时豆腐的生产量是很大的。此后在江浙不少地

◎ 豌豆

方都有了专门开设的豆腐店。到了明代，豆腐的生产和食用遍及南北，福建的地方志已经将豆腐作为重要物产记载了。相比较而言，东北和西北少数民族地区的豆腐食用要晚一些。到了清代，豆腐已经取得与肉类、蔬菜并列的地位。

豆腐在全国各地都有，但由于各地物产、气候、习俗等差异，豆腐的生产技术也有不同。比如豆腐生产的第一步是浸豆，不但各地浸泡的时间不同，即便是同一地区，不同季节浸豆的时间也不同，总体上表现为南短北长、冬长夏短。再比如点浆这个环节，在豆腐的早期发源地华北和华东地区，多是用盐卤作为凝固剂的，因此才有"雪乳初融更点盐"这样的诗句。到了明代，中南地区开始用石膏作为凝固剂。总的来看，北方浸豆时间长，盐卤点浆为主，南方浸豆时间短，石膏点浆为主，再加上其他技术的差别，这就造成南北豆腐的明显差异。各地还发明了各种豆腐小吃和菜肴，比如麻婆豆腐、泥鳅豆腐、平桥豆腐、鱼头豆腐、臭豆腐等。

在制作豆腐之余，古人还发明了一系列相关的食品。如前所述，豆子加水磨出的浆滤掉豆渣，没有经过点浆步骤的即是豆浆，点浆之后尚未镇压成型的便是豆腐脑。腐乳，是由豆腐坯发酵制成的，又包括直接腌制发酵、发霉以后腌制发酵两种。腐竹，又叫豆腐皮或豆腐衣，是将豆浆加热后上面的一层薄膜挑起干燥后制成的。此外，古人还制作出了千张（百叶）、油豆腐、豆腐干、豆腐丝等食品，可谓品种丰富、易得味美，深得大众喜爱。豆腐及相关制品，不但日常家用，还衍生出了孔府豆腐宴、清宫御膳豆腐等，制作更加精良，这都充分彰显了劳动人民的智慧。

豆腐是中国人的发明，早在宋代就走出了国门。南宋时期，豆腐先后传入日本和朝鲜，到了清代传入欧洲和美国。这种价廉物美的食品，是中国人奉献给世界的发明。

第四篇

生物与环境篇

中国古代虽然没有"生态"的概念，但对于生物之间、生物与其他环境要素之间的关系却有着丰富的认知，比如对于生物节律、动物之间吃与被吃的食物链关系、共栖与寄生现象的认识等。古人还将这些认识加以应用，在环境保护、生物防治等领域积累了宝贵的经验，取得了令人瞩目的成就。

1. 断罟匡君的故事
——中国古代的环境保护

中国古代流传着一个著名的故事，故事的名字叫作"断罟（gǔ）匡君"。"罟"是渔网的意思，"匡"是纠正的意思。在春秋时期，鲁国有一位国君鲁宣公，他手下有一位大臣叫里革。夏天正值鱼类繁殖的时候，鲁宣公却到水潭里去下网捕鱼。里革看到以后，割破了鲁宣公的渔网，扔到一边，并且给他讲道理：鱼类繁殖的时候，不能捕小鱼，砍伐树木的时候，也不能砍树苗，这都是为了万物繁衍不息。这是古人的教导。现在鱼类正在繁殖期，你却要下网捕捞，太贪心了。鲁宣公听了以后感慨道："我犯了错，还有人纠正我，真是太好了，这本身也是一张网啊！"

里革对鲁宣公的规劝，蕴含着资源持续利用、生态环境保护的大道理。在中国古代，人们对环境保护已经有了比较深刻的认识，并且采取了很多措施保护环境。

战国时期的《管子》一书指出，必须要保护好山林，才能保证衣食之源。孟子也说"斧斤以时入山林，材木不可胜用也"，也就是说一定要根据季节的变化和树木的生长规律来砍伐树木。

为了保护生态环境，历代统治者从机构和官员设置、法律制度等方面做了一些尝试。据记载，殷商时期的法律规定不准人们把垃圾随便倒在街道上，如果被抓住了就要砍断丢弃垃圾者的手。周朝建立了庞大的官僚机构，其中有不少官员是跟环境保护相关的，比如掌管山林的官员叫作山虞，要求民众在规定的时间砍伐树木，冬天砍伐山南

◎《上林苑驯兽图》（局部）

侧的树木，夏天再砍伐山北侧的树木。掌管田猎场的官员叫迹人，不让民众猎取幼兽和捡拾鸟卵。秦朝的统治者比较重视植树造林，大将军蒙恬就曾经在北方边塞种植大批榆树，形成一条"绿色长城"。汉朝时期的地方官员为了保护水资源，专门颁布了地方性的法规。南北朝时期，北魏的宣武帝还把禁止屠杀怀孕的母兽确立为永久的制度。

历朝历代都有地方官员向朝廷进贡珍稀动植物的传统，唐朝皇帝则下令禁止这类行为，已经捕获的珍禽异兽也要放归山林。唐朝的城市已经颇具规模，人口众多，生活垃圾也相当可观。在这个时候，已经有了以清理垃圾和粪便为职业的人，官府对于那些随意倾倒垃圾的人，还会处以刑罚，都城长安也已经修建了由城壕和排水明渠、暗渠组成的排水系统，这些措施极大改善了城市环境。北宋时期为了维护京城街道卫生，设置了街道司。此外，宋代专门设有农师这一官职，指导并检查民众植树，对于那些种树多的还给予奖励。明、清两朝不但沿袭了前朝历代保

护山林、植树造林的传统，而且也都继续加强了城市环境卫生的管理。

对于珍稀动植物的保护，我们现在有动物园、植物园，还有各类自然保护区。在中国古代，也有类似的场所。

历代的帝王都喜欢划很大一片山林设立苑囿，不但可以作为自己田猎和休闲的场所，而且也可以收藏和保护各类稀有的动植物。比如秦汉时期的上林苑，不但移植栽培了海内外的奇花异木，而且豢养了大量珍禽异兽。上林苑中建有多个离宫别馆，如扶荔宫、葡萄宫等，其中的扶荔宫就栽培了来自南方的各种植物，并以栽培荔枝而得名，还有专门的场所饲养大象、白鹿、虎豹等动物。

◎ 麋鹿

元代在京城的南郊设立一个占地数十顷的圈养野生动物的小型皇家猎场，叫"飞放泊"，到了明清时期叫作"南苑"，又称南海子。明清时期的南海子面积在元代的基础上扩大数十倍，里面养了各种鹿和其他兽类，甚至还有老虎供皇家狩猎玩乐。这里也因此保存了一些珍稀动物，像著名的四不像——麋鹿，就是通过南苑这个皇家禁苑保存下来的。

明朝皇帝还建了其他多处饲养珍稀动物的场所，比如湖城、豹房、百兽房、百鸟房、鹰犬房等。郑和下西洋的时候，曾经从域外引进大量动物，如长颈鹿、鸵鸟、骆驼、狮子、马来貘等，这些动物就被养在皇家动物园里。

清朝末年建立的万牲园，是最早面向公众开放的动物园。动物园是西方传入的一种新生机构，是科普和动物保护的重要场所，也是宣传环境保护的重要基地。上述这家动物园建立于1906年，两年后正式向公众开放，其中饲养了狮、虎、象、猩猩、斑马、鹦鹉等动物，很多动物都是从外国买来的。有意思的是，万牲园刚开放的时候，对于男女游客是分别开放的，有几天只供男性游客参观，另外几天只供女性游客参观，直到民国以后这一规矩才被废除。这里也被作为农事试验场，民国后还曾经建立北平研究院，下设动物、植物、生物三所，开展科学研究。这个万牲园也就是今天北京动物园的前身。

◎ 万牲园大门

◎ 万牲园喷水犼

　　重温历史，让我们更好地传承传统文化中的持续发展智慧；放眼世界，更好地吸收外来的科技知识。只有保护好生态环境，才能立足根本，造福子孙后代，实现中华民族伟大复兴。

2. 三更灯火五更鸡
——古人对生物节律的认识

　　中国古人很早就对生物节律有所认识。唐代大书法家颜真卿在《劝学诗》中勉励年轻人说"三更灯火五更鸡，正是男儿读书时"。其中读书的时刻值得注意。按照中国古人的时刻计算方法，五更相当于凌晨的三点到五点之间，彼时天还没亮，但公鸡已经开始打鸣了。你看，古人已经将动物的行为跟时间联系在一起了，也就是对动物的节律行为有了认识。

　　不单是公鸡打鸣，生物的很多行为都呈现出一定的周期性，具有时间节律，就好像是生物钟一样，到了一定时刻或日期，就会有特定的生命现象或行为发生。古人所认识到的生物节律现象，有的是关于昼夜节律的，也有跟月亮圆缺有关的节律，还有潮汐节律、周年节律等。

◎ 三星堆出土的青铜鸡

关于昼夜节律，除了公鸡打鸣，古人还注意到了其他类似现象。比如李时珍在《本草纲目》中就记载了"鹤知夜半"，鸮（即猫头鹰）"盛午不见物，夜则飞行"等动物行为。

与月相变化有关的节律，也可以叫作太阴节律。古人已经注意到有些动物的行为跟月相的变化密切相关，比如《吕氏春秋》中就说，月亮是群阴之本，月望则蚌蛤实、月晦则蚌蛤虚，也就是说，月圆的时候螺蚌等水生动物是肉体丰满的，而月亏之时则相反。李时珍也提到，螃蟹到了繁殖季节，蟹

◎《吕氏春秋》

黄也会随月亮的圆缺而变化。实际上，月亮的盈亏会影响动物体内激素的变化，古人诚然没有这样的背景知识，但却在生活经验的总结中发现了规律。不只是动物，人类也有太阴节律，女性的月经现象就是最明显的。古人很早就注意到了这一现象，并且在中医药著作中做了大量记载。

月亮与地球相距很近，二者之间的引力相互作用引发了规律性的潮汐现象。据说在沿海地区有一种鸡叫作"伺潮鸡"，每当潮水要来的时候就会鸣叫。宋代科学家苏颂就记录到，牡蛎一到潮水来的时候就会把壳张开。古人还注意到了贝壳上的生长纹与潮汐的关系，说"一潮生一晕"。今天的人们，更加懂得可以通过螺蚌的生长纹来推测它的生长时间，可以说是对生物钟的科学利用了。

再长时段的就是周年节律变化了。由于地球和太阳之间的关系，我国大部分地区呈现出明显的四季变化，不只是气候的变化，更有动植物生长发育的变化。我国古代的物候就是根据天象、气候和动植物的周年变化制定出来的，在指导农业生产上发挥了重要作用。《夏小正》是迄今为止

发现的我国最早的物候记录，其中记载了一年 12 个月中每月的动植物变化。比如正月里大雁北飞，梅杏桃等开花；到了九月，大雁南飞，菊花开放。类似的记载在《吕氏春秋》和《礼记·月令》中也有很多。有些诗词歌赋也体现了生物的周年节律，比如《诗经·豳风·七月》中就有"十月蟋蟀入我床下"的句子。宋代诗人陆游在《鸟啼》一诗中说，二月闻子规，三月闻黄鹂，四月鸣布谷，五月鸣鸦舅。你看，这些诗词达人也是细心的自然观察家呢！

◎《十二月月令图》（正月）

古人不但注意到了动植物的生长节律，还注意到了人体自身的节律现象。《黄帝内经》等医学著作中已经指出了人体生理活动有昼夜节律和周年节律，认识到四季气候的变化会影响人体的生理。此外，在长期的实践中，中医理论对于人一生的发育规律，即人到了什么年龄会有哪些身体和生理变化，都已经做了系统总结。

知其然，还要知其所以然。古人不但观察并总结了生物的节律现象，还对这些现象产生的原因做了大胆推测。

对于动物的节律现象，古人应用了"物类相感"的理论，也就是说某种事物有周期变化，影响动物也产生了周期变化。至于这种影响是如何发生的，古人并不能说明白，很多时候就用"气"的概念来解释了。比如公鸡在五更打鸣，有人就说是太阳初升，"感动其气"造成的。

对于人体的节律，古人也采用了"气"的理论，认为外界的气候等因素，影响了人体内的正气运行，导致人的生理活动呈现出周期性来。

时至今日，对于生物的节律现象，科学家尚未完全揭晓谜底。古人的解释，来源于他们朴素的自然观念，实在是不必苛责的。

对动植物节律的认识，为古人的生产生活提供了重要参考。正是认识到了公鸡可以按时打鸣的习性，人们才会想到驯养公鸡来报晓。根据多年的物候观测，人们可以利用周围生物的生长发育规律，通过物候来确定出合适的日期，以此指导作物的耕种和收割、动物的饲养和繁殖、病虫害的防治等生产活动。比如，汉代的《氾胜之书》就曾记载道："杏始华荣，辄耕轻土弱土；望杏花落，复耕。"也就是说，当时的人们根据杏花的花开花落来指示土地耕作。

时至今日仍在使用的二十四节气是中国人的重大发明创造，其实就是根据长年的物候观测，结合农业生产创制出来的。早在周朝时，二十四节气就已经被记载下来了，只是有的节气跟现在的名称有出入。到了汉代，二十四节气被固定下来，且明确为十五天一个节气，成为指导农业生产的重要依据。不过，中国地域辽阔，北方的节气应用到南方，就会与实际状况不符，无法准确指导南方的农业生产。因此，各地的民众都会根据情况加以调整。如福建中部的民众流传的谚语有"懵懵懂懂，惊蛰浸种"。而到了江西吉安一带，就变成了"懵懵懂懂，春分浸种"。

为了更好地辨识节气，古人以花开时节作为标志，提出了"二十四番花信风"：从小寒开始，到谷雨结束，每个节气以五天为一候，共24候，每候有一种花开放，可以作为节气时刻的象征。其顺序如下：

小寒：一候梅花、二候山茶、三候水仙；

大寒：一候瑞香、二候兰花、三候山矾；

立春：一候迎春、二候樱桃、三候望春；

雨水：一候菜花、二候杏花、三候李花；

惊蛰：一候桃花、二候棣棠、三候蔷薇；

春分：一候海棠、二候梨花、三候木兰；

清明：一候桐花、二候麦花、三候柳花；

谷雨：一候牡丹、二候荼蘼、三候楝花。

◎ 海棠　　　　　　　◎ 杏花　　　　　　　◎ 水仙

不只是二十四节气，在北方地区广泛流传的"九九歌"既是物候记录，也是指导生产生活的重要参考。这首歌说："一九二九不出手，三九四九冰上走，五九六九沿河看柳，七九河开，八九雁来，九九加一九，耕牛遍地走。"不过这首歌描述的物候只是与黄河中下游的情况比较吻合，对于黄河上游、长江和淮河流域等地区，都是不怎么合适的。此外，还有很多的农谚，也反映了古人对物候的利用。比如"秋分早、霜降迟、寒露种麦正当时"，适合黄河流域以南的农业生产。

除了参照之外，古人还想到可以改变生物的节律，从而促进农业生产。比如，古人曾经利用低温和暗处理改变家蚕的化性节律，让蚕不再滞育，将一年二化的节律变成一年三化，从而可以提高家蚕的产量。

总的来看，古代的中国人已经认识到了生物的节律现象，并通过直接利用和介入式的改造，应用到农业生产上。但是对于生物节律现象背后的原因，他们并不能给出科学合理的解释，其中有些问题时至今日仍未揭示，等待着未来的科学家探索。

3. 古人与蝗虫争战史

历史上的自然灾害曾经给人类的生命、生活带来无尽的伤害和痛苦。在中国古代的各种自然灾害中，由于一种昆虫引发的灾害尤其值得关注。这种昆虫就是蝗虫。正所谓"知己知彼，百战不殆"，在与蝗虫的长期斗争的历史进程中，我们的祖先对蝗虫的认识也逐渐加深，越来越系统。

在中国古代史上，蝗灾是与水旱灾害并列的重大自然灾害。据统计，从春秋时期到清朝末年，有记载的蝗灾共

◎ 蝗虫

804 次。当然，历史的记载还受制于史志对蝗灾的重视程度、信息上报与记录的及时与准确、造纸术和印刷术的发展等因素。实际发生的蝗灾次数和危害可能比史志记载的多不少。

从地理分布来看，黄河流域是蝗灾的重灾区，特别是黄河下游的河北、河南、山东等省。这些省受灾严重，老百姓为此还兴建了大量的"蝗神庙"。其次是长江流域，但比黄河流域发生的频次要少很多。

由于缺乏科学的治蝗措施，蝗灾对古代劳动人民的农业生产和生活造成了重大损失。如《唐书·五行志》就记载，唐贞元元年（785 年），北方发生大面积蝗灾，"所至草木及畜毛靡有孑遗，饿殍枕道"。《元史·顺帝本纪·五行志》记载，元至正十九年（1359 年）五月，山东、

河南、关中等地发生蝗灾，"饥民捕蝗以为食，或曝干而积之，又罄则人相食……"这句话的意思是，饥饿的人们捕捉蝗虫充饥，并把捉到的蝗虫晒干了存起来吃。蝗虫吃完了之后，饿急了的灾民出现了人吃人的惨剧。明成化二十一年（1485 年），大旱之年发生蝗灾，"流

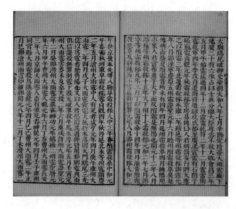

◎《唐书·五行志》

亡者大半，时饥民啸聚山林"。蝗灾过后，人们常用"寸草不生""赤地千里"来形容灾情之严重。

从历史记载可以看出，古人已经注意到蝗灾发生的时间和地域特点，并意识到蝗灾与旱灾之间的关联。对于蝗灾的危害，大部分记载是定性的，没有确切的人员伤亡情况和财产损失报告，但从"饿殍枕道"这样的文字上也能看出蝗灾造成的惨烈后果。

蝗虫属于无脊椎动物中的节肢动物门昆虫纲直翅目，具有三对足、两对翅，不完全变态发育，发育过程经历卵、若虫、成虫三个阶段。若虫又称为蝻、跳蝻，跟成虫很像，只是个头很小。蝗虫是植食性昆虫，对农作物的危害很大。对于蝗虫的这些基本形态习性，我国古人很早就有了认识。

先秦时期也称蝗虫为"螽"，如孔子编订的《春秋》中就说"八月，螽"，又说"秋，螽，冬，蝝（yuán）生"。汉代董仲舒注释道，这里的"蝝"是跳蝻。我国东汉的字典《说文解字》解释为，"蝗，螽也"。但先秦时期的《礼记·月令》中已有蝗虫的称谓，说明当时两种称谓并存。两晋时期的郭璞对《尔雅》中的"蝝"注释为"蝗子未生翅者"，说明古人已经意识到蝗虫的幼虫和成虫之间的区别与联系。

119

古人对于蝗虫的发育过程，既有正确的认识，也有错误的认识。比如，不少人注意到蝗虫实际上是把卵产在土里而非水中的，但也有传言说"蝗虫系鱼虾子所变"。清代的《捕蝗要诀》对蝗虫幼虫跳蝻的记载比较详细，指出跳蝻刚出生的时候，"色黑如烟"或者微黄，大小就像蚊蚋一样，等长大了就会褪去黑皮，变成红赤色，大小像苍蝇一样了。古人也注意到了跳蝻会多次蜕皮、喜欢群居、擅长跳跃的习性。当蝗虫的翅刚长出来的时候，"长翅尚嫩，不能高飞"。蝗虫的飞行也很有特点，雨天不易飞、早晨不飞、午间交尾不飞、暮间群聚不飞。而且蝗虫有趋光性，到了晚上"争趋近火"。

蝗虫是害虫，其成虫和若虫（跳蝻）都是害虫。古人对蝗虫的食性认识得很清楚。蝗虫喜欢吃稻、麦、高粱、黍、稷、稗等，也就是说主要吃禾本科植物，这些恰恰是人赖以维生的粮食作物，但蝗虫不喜欢吃豆类、芝麻、棉花等。如史书《唐书·五行志》就记载"京畿蝗，无麦苗"。《晋书》提到当时的蝗灾时说"不食三豆及麻"。农书中的记载更加准确详细。比如，王祯的《农书》提到"蝗不食芋桑，与水中菱芡"。徐光启的《农政全书》指出"或言不食菜豆、豌豆、豇豆、大麻……"

关于蝗虫的生命周期，古书记载一般为一年繁殖两代或三代。徐光启对春秋战国时期到明朝的蝗灾进行了统计，发现蝗虫出现最多的月份正值夏季，与农作物的生长旺季相吻合。

在与蝗灾的长期斗争中，随着对蝗虫特征及其生活习性的认识越来越深刻，古代劳动人民不断探索实践，逐渐摸索出一些治蝗的经验，取得了很多成就，彰显了古人的智慧。

古代留存下来多部治蝗方面的专著，如《捕蝗要诀》《捕蝗考》《捕蝗集要》《治蝗全法》等。在《农政全书》等各类农书、《救荒活命书》等各类荒政著作中，也有大量关于治蝗的记载。

最常用的直接治蝗方法是捕杀，如鱼箔法、网捕法、抄袋法等。利用蝗虫的趋光性，还可以采用火诱法。《旧唐书》中有用火引诱蝗虫，然后焚烧掩埋的记载。清代李源的《捕蝗图册》提到可以在蝗虫密集分布的地方用灯光吸引进行捕杀。《捕蝗考》《农政全书》等都记载过堑坎掩埋法，也就是将蝗虫驱赶到事先挖好的坑中进行掩埋，但这种方法如果操作不当，也可能导致蝗虫爬出，继续危害庄稼。

◎ 山西新绛县阳王镇稷益庙壁画中捕捉蝗虫的场景

由于蝗虫的食物主要是旱地作物，因此徐光启提出可以将旱地改为水田。如前所述，蝗虫的食性是可以被认识和总结的，在了解到蝗虫不吃某些农作物后，劳动人民意识到可以在蝗灾区种植蝗虫不喜欢吃的作物。如北宋吴遵路为官时，劝导农民栽植豌豆，其产量并未受到蝗灾的影响。徐光启在《农政全书》中也提出类似的建议。根据蝗虫的繁殖规律和生活习性，古人还提出了种植早熟作物的方法。

古人还曾经采用生物防治的措施，对付肆虐的蝗灾，如利用鸭群捕食蝗虫。有些书籍也提到可以养鸡来捕食蝗虫。这些方法在不少地区得到应用。

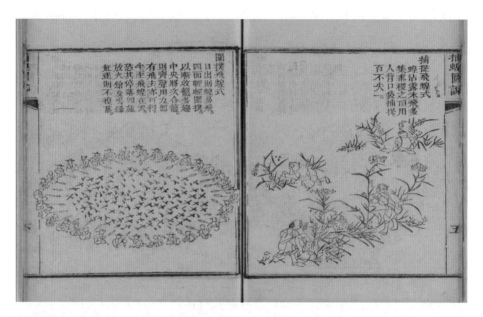

◎ 清代《捕蝗要诀》中的捕蝗法插图

前面提到的防治措施主要是针对蝗虫成虫的，属于直接的防治。古人已经认识到蝗虫的发育阶段，并提出了消灭虫卵和跳蝻的治本之法。如通过深耕挖出并消灭蝗虫卵，利用各种器具捕捉跳蝻等。

除此之外，古人还曾建立过治蝗的专门制度和机构。南宋时期的董煟在《救荒活命书》中总结了当时治蝗的制度和方法，提到宋朝政府机构对治蝗负责人、步骤和资金使用都有规定。明清时期设立了临时性治蝗指挥机构"厂"，并在乡村设置"护田夫"侦查蝗虫卵。宋代的朱熹在会稽县（今绍兴）任上，曾经公开收购捕捉的蝗虫，规定大蝗一斗，给钱 100 文，小蝗每升 50 文。

顺便说一下古人对蝗虫的利用。蝗虫虽然是农业害虫，但还有其利用价值，比如可以用作饲养鸭、鸡、猪等家禽或家畜的饲料，将蝗虫的尸体作为肥料，或者将蝗虫作为食物进行烹食等。

由于社会制度和科学技术发展的影响，中国古代一直未能根治蝗灾。直到中华人民共和国成立后，由于政府重视，广大科学家和人民群众团结奋斗，找出蝗虫尤其是危害最烈的东亚飞蝗的发生、发展和危害规律，采取生态防治和药物灭杀并举等有效措施，在 20 世纪 50 年代末以后，我国基本上没有再发生大规模的爆发性蝗灾，历史上危害国人数千年的蝗灾得到有效控制，取得了战胜自然灾害的伟大成就。

4. 螳螂捕蝉，黄雀在后
——古人对生物之间关系的认识

在人类生活的环境中，存在着种类繁多的各色生物，有动物也有植物，动物与动物之间、植物与植物之间、动物与植物之间，会发生千丝万缕的联系。中国古人很早就注意到了这些现象，并将其记载了下来。

在甘肃省有一座叫作"鸟鼠同穴"的山，简称鸟鼠山。《尚书·禹贡》中说渭河发源于此山；《尔雅》还解释了"鸟鼠同穴"的鸟和鼠各是什么动物，但并非常见。这种现象似乎只是出现在我国的西北地区，后来很多东部地区的人在去往西北地区时也曾见到并做了记录，如隋炀帝杨广、明代文人岳正、清代文人宋琬等，这些人的记载对于鸟和鼠的种类的描述出入较大。20 世纪 50 年代，中国动物学家在西北地区考察发现，长尾黄鼠和角百灵、穗鹏（jī）和高山旱獭都有同穴现象，说明古人的记述，是客观存在的。至于鸟与鼠同穴的原因，一般解释为在西北地区，树木稀少，鸟类难于建巢，为保护自己而使用鼠类的巢穴。

唐代段成式的《酉阳杂俎》还有蟹和螺类共生的描述。唐代段公路的《北户录》和刘恂的《岭表录异》都有关于水母和虾共生的记载。北宋陆佃在训诂类的著作《埤雅》中记载了獾与貉同穴而处的现象，明代李时珍《本草纲目》中也有类似记载。中国古代有一个叫作"狼狈为奸"的成语，本意表示狼和狈两种动物互相支持而共同生活，但是对于狈究竟是什么动物，人们并没有达成共识。狈的原型很可能是豺，豺是比狼小的犬科动物，非常狡猾，经过人们的加工，演变成了传说动物"狈"。

说到这里，不得不提几乎家喻户晓的"冬虫夏草"。冬虫夏草，也有叫作夏草冬虫的，其实是一种东西，是我国出产的一种药材。关于冬虫夏草的记载，最早出现在藏文文献《千万舍利》中，说是夏天的时候一种长在蠕虫身上的草，花像莎草的花序，根像小茴香的种子。而相关的汉文文献则迟至清朝雍正年间《四川通志》才出现。赵学敏的《本草纲目拾遗》描绘冬虫夏草的形态"夏为草，冬为虫，长三寸许，下跌六足，腘以上绝类蚕"，并以阴阳理论解释其形成与变化。吴其濬在《植物名实图考》引用《本草从新》论述，说冬虫夏草产于云贵，冬在土中，身如老蚕，有毛能动；夏天则毛出土上，连身俱化为草，若不取，至冬复化为虫。他认为两广也有这种药草，还给出了冬虫夏草的图。古人对于这种药草的认识大部分是不科学的，冬虫夏草的本质其实是一种复合体，是一种叫作冬虫夏草菌的真菌寄生在蝙蝠蛾科昆虫幼虫上的子座及幼虫的尸体的复合体，虫和草之间是不会相互转化的。

◎ 冬虫夏草

很多昆虫是寄生在其他动物或人体上的，古人也注意到了这一现象。《埤雅》等著作记载了一种寄生蝇，将卵产在蚕的幼虫身上，等蚕成蛹时，蝇蛆就已经在蛹中变成幼虫了。明代末年的谭贞默通过亲自观察发现，寄生蝇会导致二蚕（夏蚕）有十分之七被寄生。《诗经》中有"螟蛉有子，蜾蠃（guǒ luǒ）负之"的句子，是对昆虫寄生生活的生动描述。螟蛉是一种鳞翅目的青虫，而蜾蠃则包括蜾蠃科、泥蜂科等多种昆虫，蜾蠃将卵产在螟蛉的身上，是将螟蛉作为其幼虫的食物，这与寄生蝇将卵产在蚕的身上是一个道理。《诸病源候论》《本草纲目拾遗》等医药典籍都有蝇蛆在人体寄生的记载。

◎ 蜾蠃

对于植物之间的共生或寄生关系，古人也有所认识。《诗经》中有"茑与女萝，施于松柏"的句子，其中的茑是一种寄生植物，女萝是地衣门松萝科的植物，多附生于针叶松上。沈怀远的《南越志》描绘了担子菌纲的茯苓与松树的共生关系。

"螳螂捕蝉，黄雀在后"的典故最早出自《庄子》，这是庄周对于食物链的初步认识，他由此提出了"物固相累，二类相召"的思想。对于动物之间的食与被食关系，古人自然是比较熟悉的。前述《埤雅》中也有大量记载，比如书中提到"蜈蚣性能制蛇"，而且还认识到生物之间互相克制形成食物网的现象，提到"蟾蜍食蝍蛆，蝍蛆食蛇，蛇食蟾蜍"。《本草纲目》中以蛇为例，介绍了蛇的各种食物，也提到了蛇的各种克星，体现出对动物之间相互关系的深刻认识。

◎ 蟾蜍

　　动物之间的食与被食，会影响其数量的消长。《禽经》中有"鹅飞则蛎沉"的记载，意思是说鹅的存在会导致其食物田蛎的减少。

　　在残酷的生存竞争中，动物在身体构造、生活习性等方面都有适应的表现。《酉阳杂俎》等古籍中记载有一种鲨鱼叫作"鲛"，年幼的鲛遇到危险的时候，会从其母的口中进入腹内，这是躲避敌害的一种生存策略。也有一些鱼类，卵在雌鱼的口中孵化，这也是为了提高后代的存活率。《酉阳杂俎》还有乌贼遇到敌人放出墨汁的记载。《春秋外编》有关于尺蠖"食黄则黄，食苍则苍"的记录，《抱朴子》也有头虱颜色与环境一致的描述，这都是古人对动物保护色的认识。

　　植物之间其实也存在竞争关系，有些植物会分泌一些有机物，从而抑制其他植物的生长。《异物志》就有"桂之灌生，必粹其族"的说法，意思是说，丛生的桂树，其间不会混杂其他植物。《广志》中也说桂树"其类自为林，林间无杂树"。其原因就在于桂树会分泌一种挥发性的物质——桂皮醛，抑制了其他植物的生长。

　　有了对生物之间关系的认识后，古人还将其应用于生产生活，比如以虫治虫、更好地栽培植物等，这充分体现了古人的实践智慧。

5. 明月别枝惊鹊
——古人眼中生物对环境的反应

"明月别枝惊鹊，清风半夜鸣蝉"是宋代词人辛弃疾《西江月·夜行黄沙道中》里的名句，描写了这样一幅生动的夜景：月上枝头，光影的变化惊扰了在树枝上休息的喜鹊；夜半时分，清风徐来，传来阵阵蝉鸣。在为诗句的美妙赞叹之余，我们也不禁为作者观察之入微、情感之细腻而感慨。喜鹊会因为月光的变化而惊飞，这说明环境的变化让动物做出了反应。

古人很早就注意到了生物与周围环境的相互作用，尤其是生物对环境变化的反应，古人对此不但有现象的记录，更有理论上的思考。

不同的生物生活在不同的环境中，最为典型的是《周礼·大司徒》中的相关记载，即五种不同的环境分别适应于不同的动植物："一曰山林，其动物宜毛物，其植物宜皂物，其民毛而方。二曰川泽，其动物宜鳞物，其植物宜膏物，其民黑而津。三曰丘陵，其动物宜羽物，其植物宜核物，其民专而长。四曰坟衍，其动物宜介物，其植物宜荚物，其民皙而瘠。五曰原隰，其动物宜臝物，其植物宜丛物，其民丰肉而庳。"撇开其中对当地居民的描述，可以大概知道，山林适合兽类和柞栗等乔木，川泽适合鱼类和莲芡等水生植物，丘陵适合鸟类和李梅等核果植物，冲击平地适合甲壳类和结荚果豆科植物，高原低洼地适合蚊虻类和丛生的禾草莎草等植物。

水是生命之源，对于生物具有重要意义。人们注意到动物的活动与雨雪的变化有密切的关联。汉代思想家王充就注意到，天要下雨的话，鸟类的行为就会有变化，蚂蚁要搬家，蚯蚓会钻出地面。唐代段成式在《酉阳杂俎》中指出，要下雨的时候，空气湿度变大，乌鸦翅膀因而变重，故不能高飞。元代的《田家五行》中说，干旱的时候，水獭会将巢穴建在靠近水源的地方，雨水充沛的时候，水獭则会将巢穴建在离水源较远的地面上，说明水獭的行为受到水旱的影响。水对于植物的作用更是不言而喻，《管子》中提到，植物的根、花和果实都需要充足的水分。因此在农业生产中，都需要注意水的影响，比如移栽植物的时候要去掉一些叶子，最好在晚上移栽；由于植物在不同生长期对水的需求不同，因此需要合理灌溉。至于"瑞雪兆丰年"的说法，也说明雪水对粮食作物的意义。

气温对于生物的生长发育有重要影响，而且随着四季的更替，气温呈现出规律性变化，使得动植物的生长发育也体现出一定的节律性。比如候鸟的迁徙，鱼类的繁殖，昆虫的鸣叫，兽类的换毛，等等。如果气温变化较大，则会影响动植物的生活。《考工记》当中就记载有一种八哥鸟，性不耐寒，所以只能生活在我国的中南部地区。清代方以智的《物理小识》也提到"广地多蛇，北地多貉""江北少蜈蚣，关北无蝉"。气温对于植物的生长影响较大。唐代刘恂在《岭表录异》中说"广州地热，种麦则苗不实"，说明小麦不适合在气温较高的广州地区种植。我国古代很早就有了利用低温处理种子的经验。《齐民要术》中就提到，冬天的时候把瓜的种子放在热的牛粪中，冷却后把瓜子冻在里面，放到阴处，经过冬季的自然低温，春天再播种下去，经过这样一番处理长出的植物格外茂密且能早熟。

光照对于生物生命活动的影响，主要体现在植物的向光性、光照的昼夜周期变化、月周期变化和年周期变化的影响，也就是说主要是对生物的生命节律产生影响。除此之外，古人总结出了"茂林之下无丰草"的结论，指出树荫之下、林地之中五谷不生、杂草难长，主要原因是高大树木对阳光的遮蔽作用。有些植物是阳生植物，有些则是阴生植物，"阴阳易位则难生"。在种茶的过程中，古人认识到茶树是喜阴的，并有"云雾山中出名茶"的说法。如果长时间生活在暗处，植物的叶子呈现出黄色，茎细长柔嫩，这就是"黄化"现象，古人不但认识到了这种现象，还据此培育出了豆芽菜、韭黄、黄芽菜等。比如，元代王祯的《农书》介绍说，冬天的时候，北方会有人利用马粪和遮光处理来培育韭黄。

肥料是满足植物生长和增强地力的重要因素，因此合理施肥就显得很关键。《荀子》直言"多粪肥田"。西汉时期的氾胜之在其著作中比较系统地介绍了当时的施肥技术。古代的肥料除了粪肥，还有饼肥（如豆饼）、绿肥、草木灰、河泥等，明末徐光启记载了大约120种肥料。古人并不知道这些肥料中具体含有哪些对植物生长有利的成分，因此肥料的使用主要是来自经验的积累。同时，古人意识到施肥过多也是不行的，宋代农学家陈旉在《农书》中就说，种水稻的时候"肥沃之过或苗茂而实不坚"，导致植物的营养生长与生殖生长不平衡。不过也有人注意到了某些矿物质的作用。比如元代的《农桑衣食撮要》就说，如果发现皂荚树有不结荚的，在泥土里加入生铁即可。宋代农书《种艺必用》中提到，种茄子的时候，加一些硫黄到根部，种出的茄子个大味甘。清代园艺学

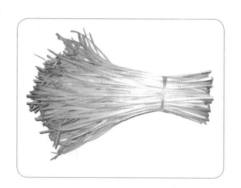

◎ 韭黄

◎《花镜》

专著《花镜》中讲到，种牡丹的时候可以在冬至时在植物根下加入钟乳粉和硫黄少许，其中钟乳粉的主要成分是碳酸钙，据说这样对牡丹生长有利。

植物对环境的各种反应，经过劳动人民的总结，被应用于农业生产之中，比如《花镜》在讲花卉栽培时就说："宜阴、宜阳，喜燥、喜湿，当瘠、当肥，无一不顺其性情，而朝夕体验之。"

关于动植物对周围环境的反应，我们稍微提一下地震时的生物异常反应。中国是地震多发国家，史料记载也非常丰富，其中也包括了大量地震前的异常自然现象，如地震前的地声、地光、动物行为异常、植物行为异常、气候异常、地下水异常、前震等。唐代天文学著作《开元占经》记载"鼠聚朝廷市衢中而鸣，地方屠裂"，意思是说发现老鼠在城市街道聚集发声，随后有地震发生。宁夏地区自古多震，百姓利用地震前兆指导防震："如井水忽浑浊，炮声散长，群犬围吠，即防此患。"除了动物异常反应，古人还记录了一些植物异常反应，比如清代《德清县志》对 1624 年一次地震的记载显示"文庙前大桂树开花数十朵，各八九瓣，大如茉莉，树花谢落，此独芳妍，是年十二月地大震"。《陕县志》对于 1886 年河南的一次地震记载中也说"七月十一日，乱星陨，八月雨雹，九月，杏再花，雨雹。十二月，天鼓鸣，二十日，地震"。历史上对于地震前动植物异常的记载还有很多。不过经过仔细推敲可以发现，并非每次地震前都有生物异常反应，即便有也不尽相同，而且有的异常反应与地震发生时间相隔太久，很难说二者之间有所关联。在后来的实践中人们也逐渐认识到，根据动植物异常反应来预测地震是不可靠的。当然，我们也不能完全否认二者之间的关系，或许只是其中的奥秘尚未揭晓。

附　　录

名词解释

- 五谷：据《孟子》中记载，五谷指稻、黍、稷、麦、菽，但其他文献有不同说法，也泛指各种农作物。

- 六畜：一般来说指的是猪、牛、羊、马、鸡、狗，也泛指各种家畜。

- 岁寒三友：指的是松、竹、梅三种抗寒植物。

- 救荒植物：饥荒时期用以充饥的野生植物。

- 昆虫：古代泛指各种无脊椎的小虫，直到清朝末年才开始指称与今天相同的动物类别。

- 天花：一种由天花病毒引起的烈性传染病，中国古代对于天花的称呼有很多，如"痘疹""痘疮""天疮""百岁疮""虏疮"等。

- 酒曲：用来酿酒的发酵物，古代酿酒的酒曲一般是用谷物淀粉作为原料，采用固定培养的方法获得的霉菌。

- 嫁接：一种植物无性繁殖（营养繁殖）技术，指将一棵植物的芽或枝，接到另一棵植物上，使结合在一起的两部分逐渐长成一棵完整的植物。被接的植物称为砧木，接上去的芽或枝称为接穗。

- 压条：一种植物无性繁殖（营养繁殖）技术，指在枝条与母株不分离的情况下，将枝条的基部埋入土中，促其萌生新根，然后与母株切断另行栽植，使其单独发育为新的植株。

- 扦插：一种植物无性繁殖（营养繁殖）技术，指取植物营养器官（如枝条、根、叶）的一部分，插入土壤中，在适宜环境条件下，使其生根、发芽从而长成新的植株。

- 孑遗物种：指过去分布比较广泛，而现在仅存在于某些局部地区的古老动植物物种，如中国的大熊猫、银杏等。

- 谱录：我国古代图书分类中的一个类目，是依照事物类别或系统编排记录而成的书籍，主要记录事物的品类、性质、产地、历史源流，有的还记载事物的制作或生产过程等。我国古代的动植物谱录比较丰富，如《荔枝谱》《菊谱》《金鱼图谱》等。

- 分类阶元：生物学家对生物进行分类的排列等级，自上而下一般包括界、门、纲、目、科、属、种等，阶元越高，包含的生物种类越多。

- 生物节律：生物在生理、行为等方面反复出现的周期性特征。一般认为，生物节律是在长期进化过程中形成的，也会受到环境因素的影响。

- 本草学：研究药物名称、性质、效能、产地、采集时间、入药部位和主治病症的一门传统学科，是中国传统医学中药物学和方剂学的基础。中国古代有大量的本草著作，如《神农本草经》《新修本草》《本草纲目》等，其中包含了丰富的动植物知识。

- 苑囿：中国古代大型的皇家园林。最初称供帝王巡狩的地方叫作"囿"，后来随着建筑物及人造景的增多，自汉代以后称为"苑"或"苑囿"。

- 蚕的眠性：蚕蜕皮的过程叫作眠，蚕从孵化到成熟一般蜕皮3—5次，即3—5眠。

- 蚕的化性：蚕在自然条件下一年内发生世代数多少的特性叫作化性，一年内一代就产滞育卵的叫一化性品种；一年内第一代产的是非滞育卵，第二代才是滞育卵的叫二化性品种；一年内产生三代及以上的叫作多化性品种。

中国古代科技发明创造大事记

三国时期
陆玑《毛诗草木鸟兽虫鱼疏》对《诗经》毛传中的动植物做了诠释

9世纪上半叶
李德裕著《平泉山居草木记》，记述大量园林植物

西周至春秋时期
《诗经》中有大量生物学知识，其中记载植物140余种，动物100多种

秦汉时期
《尔雅》定稿，最早的解释词语的著作，包括大量与动植物有关的词语，晋代郭璞《尔雅注》影响较大

6世纪初
贾思勰《齐民要术》系统总结北方农业科技知识

唐宋时期
《禽经》问世，为我国最早的鸟类专著

战国时期
《管子》问世，其中的《地员》篇介绍了土壤与植被分布的关系

东汉时期
《神农本草经》成书，最早的本草著作

780年
陆羽《茶经》问世，为我国首部茶叶专著

5世纪
徐衷著《南方草物状》，记述不少南方动植物

约9世纪晚期
刘恂著《岭表录异》，记述大量的岭南动植物

1034年

阳修作《洛阳牡丹记》

11世纪中期

陈翥《桐谱》成书，最早专门论述桐树（泡桐）的专著

1059年

蔡襄《荔枝谱》问世，我国现存最早的荔枝专谱

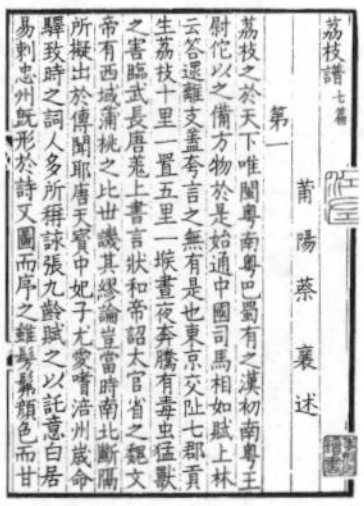

荔枝譜 七篇

莆陽蔡襄述

第一

荔枝之於天下唯閩粵南粵巴蜀有之漢初南粵王
尉佗以之備方物於是始通中國司馬相如賦上林
云答遝離支蓋夸言之無有是也東京交阯七郡貢
生荔枝十里一置五里一堠晝夜奔騰有毒虫猛獸
之害臨武長唐羌上書言狀和帝詔太官省之魏文
帝有西域蒲桃之比世譏其繆論豈當時南北斷隔
所擬出於傳聞耶唐天寶中妃子尤愛嗜涪州歲命
驛致時之詞人多所稱詠張九齡賦之以託意白居
易刺忠州既形於詩又圖而序之雖髣髴顏色而甘

1081年

苏颂编成《图经本草》，其中动植物配图，为宋代最重要的博物学著作之一

1082年

周师厚《洛阳花木记》问世，介绍洛阳多种花品及栽培方法

11世纪

宋祁《益部方物略记》成书，记述数十种四川动植物

1104年

刘蒙《菊谱》问世

1175年

范成大著《桂海虞衡志》，为记述广西方物的重要博物学著作

1178年

韩彦直《橘录》问世，我国第一部柑橘专谱

12世纪

郑樵《通志·昆虫草木略》问世，记载植物300余种，动物130余种

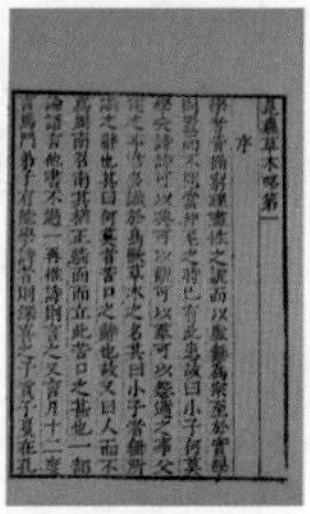

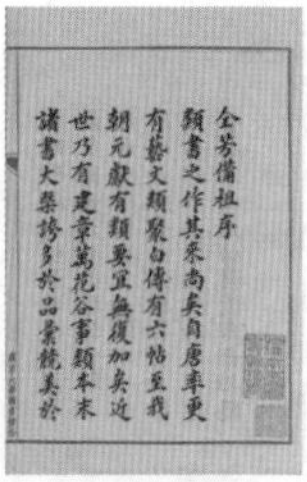

全芳備祖序

類書之作其來尚矣自唐李更
有藝文類聚白傳有六帖至我
朝元獻有類要宜無復加矣近
世乃有建章萬花谷事類本末
諸書大槩誇多於品彙饒美於

13世纪

陈景沂编植物类书《全芳备祖》刊行，著录植物近300种

1578年

李时珍完成《本草纲目》撰写，提出了"析族区类，振纲分目"分类方法

1637年

宋应星《天工开物》初刻，其中包括不少关于生物分类、工业微生物等知识

1688年

陈淏子《花镜》初刻，记述大量园林植物和一些观赏动物

万历年间

屠本畯《闽中海错疏》成书，福建沿海水产动物志

1406年

朱橚组织编写的《救荒本草》刊行，记述植物400多种

1621年

王象晋编成《群芳谱》，包括大量园艺植物

1642年

谭贞默著《谭子雕虫》，记述昆虫等节肢动物近百种

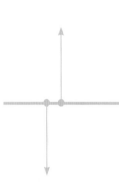

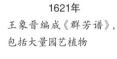

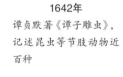

1708年

汪灏等受康熙之命编成《广群芳谱》

1846年

吴其濬写成《植物名实图考》，记载植物1714种，首次以"植物"命名，图文并茂，1848年初刻

1897年

严复译《天演论》开始在《国闻汇编》连载，次年正式刊刻出版，该书是根据英国生物学家赫胥黎的《进化论与伦理学》前两章翻译的

1761年

清宫《鸟谱》编成，收录360种鸟类彩图和文字解说

1858年

李善兰与英国韦廉臣、艾约瑟翻译《植物学》出版，为首部以"植物学"为名的著作

1904年

美国祁天锡著，奚伯绶翻译的《昆虫学举隅》出版